上海市工程建设规范

水运工程装配式护岸结构技术标准

Technical standard for assembled revetment structure of port and waterway engineering

DG/TJ 08—2405—2022
J 16608—2022

主编单位:中交第三航务工程勘察设计院有限公司
批准部门:上海市住房和城乡建设管理委员会
施行日期:2023 年 2 月 1 日

同济大学出版社

2023 上海

图书在版编目(CIP)数据

水运工程装配式护岸结构技术标准/中交第三航务
工程勘察设计院有限公司主编. —上海:同济大学出版
社,2023.12

ISBN 978-7-5765-0013-4

Ⅰ. ①水… Ⅱ. ①中… Ⅲ. ①航道工程−护岸−工程
结构−技术标准 Ⅳ. ①TV861−65

中国国家版本馆 CIP 数据核字(2023)第 241521 号

水运工程装配式护岸结构技术标准

中交第三航务工程勘察设计院有限公司　主编

责任编辑　朱　勇

责任校对　徐春莲

封面设计　陈益平

出版发行　同济大学出版社　　www.tongjipress.com.cn

　　　　　(地址:上海市四平路1239号　邮编:200092　电话:021−65985622)

经　　销　全国各地新华书店

印　　刷　浦江求真印务有限公司

开　　本　889mm×1194mm　1/32

印　　张　3.125

字　　数　78 000

版　　次　2023 年 12 月第 1 版

印　　次　2023 年 12 月第 1 次印刷

书　　号　ISBN 978-7-5765-0013-4

定　　价　35.00 元

上海市住房和城乡建设管理委员会文件

沪建标定〔2022〕542 号

上海市住房和城乡建设管理委员会关于批准《水运工程装配式护岸结构技术标准》为上海市工程建设规范的通知

各有关单位：

由中交第三航务工程勘察设计院有限公司主编的《水运工程装配式护岸结构技术标准》，经我委审核，现批准为上海市工程建设规范，统一编号为 DG/TJ 08—2405—2022，自 2023 年 2 月 1 日起实施。

本标准由上海市住房和城乡建设管理委员会负责管理，中交第三航务工程勘察设计院有限公司负责解释。

上海市住房和城乡建设管理委员会

2022 年 10 月 17 日

前　言

本标准根据上海市住房和城乡建设管理委员会《关于印发〈2020 年上海市工程建设规范、建筑标准设计编制计划〉的通知》（沪建标定〔2019〕752 号）的要求，由中交第三航务工程勘察设计院有限公司会同中交第三航务工程局有限公司、中交上海港湾工程设计研究院有限公司、上海城投航道建设有限公司、上海三航奔腾海洋工程有限公司、上海易工工程技术服务有限公司、汤始建华建材（上海）有限公司等单位共同编制。

编制组在参考国家标准、行业标准、相关规范及规程的基础上，通过深入的调查研究，总结近年来本市装配式护岸结构的实践经验，吸收成熟的新技术、新成果，形成符合地方特色的水运工程装配式护岸结构技术标准，作为本市水运工程装配式护岸结构建设的依据，以适应本市水运工程装配式护岸结构建设、管理的需要。在编制过程中，编制组以多种方式广泛征求了本市有关部门、单位以及行业专家的意见，经反复修改，最终完成本标准的制定。

本标准的主要内容包括：总则；术语；基本规定；装配重力式护岸结构；装配桩基承台式护岸结构；装配板桩式护岸结构；构件制作与运输；安装施工；质量检验。

各单位及相关人员在本标准执行过程中，请注意总结经验，积累资料，并将有关意见和建议反馈至上海市交通委员会（地址：上海市世博村路 300 号 1 号楼；邮编：200125；E-mail：shjtbiaozhun@126.com），本标准编制组（地址：上海市肇嘉浜路 831 号；邮编：200032），上海市建筑建材业市场管理总站（地址：上海市小木桥路 683 号；邮编：200032；E-mail：shgcbz@163.com），以便修订时参考。

主 编 单 位:中交第三航务工程勘察设计院有限公司
参 编 单 位:中交第三航务工程局有限公司
　　　　　　中交上海港湾工程设计研究院有限公司
　　　　　　上海城投航道建设有限公司
　　　　　　上海三航奔腾海洋工程有限公司
　　　　　　上海易工工程技术服务有限公司
　　　　　　汤始建华建材(上海)有限公司
主要起草人:顾宽海　陈明阳　叶上扬　陆　敏　夏俊桥
　　　　　　谷坤鹏　彭　玮　沙益春　汪　涛　荣海敏
　　　　　　杨余明　吴　锋　隗祖元　金晓博　刘　速
　　　　　　刘术侩　周国然　俞　晓　董宇路　常士彬
　　　　　　王志文　岳申舟　许倩华　周　旋　杨　飞
　　　　　　胡千乔
主要审查人:谢立全　宣以飞　卢育芳　俞立新　胡　欣
　　　　　　徐　元　郑荣平

上海市建筑建材业市场管理总站

目 次

Contents

1 总　则

1.0.1　为规范水运工程装配式护岸结构的应用,明确技术要求,做到技术可靠、安全适用、质量优良、生态环保、经济合理,制定本标准。

1.0.2　本标准适用于水运工程装配式护岸结构的设计、施工和质量检验。

1.0.3　水运工程装配式护岸结构的设计、施工和质量检验除应符合本标准外,尚应符合国家、行业和本市现行有关标准的规定。

2 术 语

2.0.1 护岸结构 revetment structure

主要防御波浪和水流对岸坡和陆域的侵袭,保障陆域人员和基础设施安全的水工建筑物。

2.0.2 装配式护岸结构 assembled revetment structure

预制构件通过现场安装、可靠连接形成的护岸结构。

2.0.3 装配重力式护岸结构 assembled gravity revetment structure

由预制构件连接组成,通过其本身和填料的重力保持稳定的护岸结构。

2.0.4 装配桩基承台式护岸结构 assembled pile-cap composite revetment structure

基础采用预制桩以满足护岸结构整体稳定与地基承载力要求,由预制桩与上部预制承台通过可靠连接方式装配而成的护岸结构。

2.0.5 装配板桩式护岸结构 assembled sheet-pile-cap composite revetment structure

基础采用预制板桩,通过板桩入土深度和结构的抗弯能力满足整体稳定与地基承载力要求,由预制板桩与上部帽梁或预制承台等结构装配连接而形成的护岸结构。

2.0.6 装配率 assembled rate

护岸结构中预制混凝土占整体混凝土的比例。

2.0.7 湿式连接 wet connection

预制构件通过现场后浇混凝土、水泥基灌浆料等进行连接的方式。

2.0.8 干式连接　dry connection

　　预制构件通过凹凸榫槽、螺栓、焊接等进行连接的方式。

2.0.9 后浇混凝土　post-cast concrete

　　预制构件安装后在预制构件连接区或叠合部位的现浇混凝土。

3 基本规定

3.0.1 装配式护岸结构应根据水文、地质条件、使用要求、施工能力、运输条件等因素，以及防洪、环保生态或景观要求，经技术经济综合论证后确定设计方案。

3.0.2 装配式护岸可根据地质条件、环境条件、使用要求等，选用装配重力式护岸结构、装配桩基承台式护岸结构和装配板桩式护岸结构等形式。

3.0.3 装配式护岸前沿线布置宜平顺、规则、简洁，减少异形构件现浇量，提高装配率。

3.0.4 装配式护岸由多个直线段组成时，各段之间应以圆弧或折线相连接，衔接段可采用异形构件相连接。

3.0.5 装配式护岸结构应采取可靠的构件连接措施，保障结构的整体性。

3.0.6 装配式护岸顶高程应根据总平面布置、使用要求和后方排水设施情况等综合确定，并应符合下列规定：

1 当允许越浪时，海港护岸顶高程可定在设计高水位以上不低于0.7倍设计波高处，并应高于极端高水位。内河航道和内河港口护岸顶高程应分别按最高通航水位和设计高水位加0.1 m～0.5 m超高值确定。

2 当要求基本不越浪时，海港护岸顶高程宜不低于设计高水位以上1.0倍设计波高，并应高于极端高水位加超高值0.1 m～0.5 m。

3 承担防洪任务的护岸顶高程的确定还应满足防洪的要求，当护岸兼作防洪墙（堤）时，其墙顶高程按设计洪（潮）水位＋安全超高确定。

3.0.7 装配式护岸结构的安全等级、作用与作用效应组合等应符合现行行业标准《防波堤与护岸设计规范》JTS 154 的有关规定。

3.0.8 永久性装配式护岸结构的设计使用年限应为 50 年。

3.0.9 装配式护岸结构设计应采用以概率理论为基础，以分项系数表达的极限状态设计方法，并应符合国家现行标准的规定。装配式护岸结构设计计算应根据节点连接情况选择合理的计算模型及计算方法。

3.0.10 装配式护岸结构的构件设计应符合下列规定：

    1 预制构件宜符合模数协调原则，减少预制构件的种类。

    2 预制构件应满足制作、储存、运输、施工吊装、安装和质量控制等要求。

3.0.11 装配式护岸结构的连接节点构造应受力明确、传力可靠、施工方便、质量可控，满足结构的承载力、变形和耐久性等要求。预制构件的拼接部位宜设置在构件受力较小的部位，相关的连接构造应简单。

3.0.12 混凝土、钢筋和钢材的力学指标和耐久性要求等应符合现行行业标准《水运工程混凝土结构设计规范》JTS 151 和《水运工程钢结构设计规范》JTS 152 的有关规定。

3.0.13 预制构件的混凝土强度等级不宜低于 C35，且不应低于 C30；预应力混凝土预制构件的混凝土强度等级不宜低于 C40，且不应低于 C30；现浇混凝土的强度等级不应低于 C30，且现浇节点或接缝处宜采用补偿收缩混凝土。

3.0.14 钢筋套筒灌浆连接接头采用的套筒和灌浆料应符合现行行业标准《钢筋连接用灌浆套筒》JG/T 398 和《钢筋连接用套筒灌浆料》JG/T 408 的有关规定。浆锚搭接连接接头应采用水泥基灌浆料，灌浆料的性能应符合现行行业标准《装配式混凝土结构技术规程》JGJ 1 的有关规定。

3.0.15 用于固定连接件的预埋件与预埋吊件、临时支撑用预埋件不宜兼用；当兼用时，应同时满足各种设计工况要求。预制构件中预埋件的验算应符合现行国家标准《混凝土结构工程施工规范》GB 50666 和现行行业标准《水运工程混凝土结构设计规范》JTS 151、《水运工程钢结构设计规范》JTS 152 等的有关规定。

3.0.16 预制、安装施工工艺应结合结构形式、水文地质条件、预制条件、运输条件、设备能力等确定。

3.0.17 基桩的设计与施工应按现行行业标准的有关规定执行，板桩的施工应按现行行业标准《码头结构施工规范》JTS 215 的有关规定执行。

3.0.18 预制构件的制作、安装等应符合现行行业标准《水运工程质量检验标准》JTS 257 的有关规定。

3.0.19 装配式护岸结构的建设宜采用建筑信息模型技术，以保障设计、生产、运输、安装等信息交互和共享，实现设计、生产、施工协同管理。

3.0.20 墙体高度大于 2.5 m 时，在墙顶上根据安全需要应设置高度不小于 1.2 m 的护栏。

3.0.21 装配式护岸结构施工期、运营期监测应满足设计监测要求，结合监测成果指导施工和进行定期维护。

3.0.22 装配式护岸结构运营期维护应符合现行行业标准《港口设施维护技术规范》JTS 310 和《航道养护技术规范》JTS/T 320 的有关规定。

4 装配重力式护岸结构

4.1 一般规定

4.1.1 装配重力式护岸结构宜用于承载能力较大的天然地基或人工地基,且场地具备开挖及干地施工条件。

4.1.2 装配重力式护岸结构形式应根据自然条件、材料来源、使用要求和施工条件等因素,经技术经济比较确定。

4.1.3 装配重力式护岸结构总高度宜为 2 m～7 m,并应根据墙高、预制条件、运输能力、运输方式、起吊能力等选择合适的构件形式和连接方式。

4.2 结构设计

4.2.1 装配重力式护岸可采用装配式预制挡墙护岸结构、装配式方块护岸结构、装配式空箱护岸结构等形式。装配式预制挡墙护岸结构适用于挡土高度较高、具有干地施工条件的护岸工程;装配式方块护岸结构与装配式空箱护岸结构适用于挡土高度较低、具有干地施工条件的护岸工程。

4.2.2 装配式预制挡墙护岸结构可采用装配式预制 L 形护岸或装配式预制扶壁式护岸等结构形式,结构可根据高度、预制条件、运输条件、吊装能力等,选择整体预制或由构件拼装而成。L 形护岸结构的拼装构件,立板可采用一字形,底板可采用一字形或L 形;扶壁式护岸结构的拼装构件,立板可采用 T 形,底板可采用一字形。装配式预制挡墙护岸结构断面形式如图 4.2.2 所示。

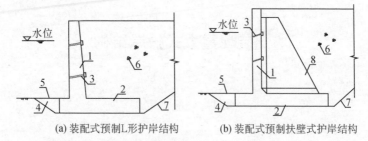

(a) 装配式预制L形护岸结构　　(b) 装配式预制扶壁式护岸结构

1—预制挡墙立板；2—预制挡墙底板；3—泄水孔；4—墙前回填料；5—设计泥面线；
6—墙后回填料；7—开挖边线；8—预制扶壁挡墙肋板

图 4.2.2　装配式预制挡墙护岸结构

4.2.3　装配式预制挡墙护岸结构的连接主要包括节点连接和接缝处连接，连接方式分为干式连接和湿式连接，可采用凹凸榫槽连接、螺栓连接、焊接连接、套筒灌浆连接、浆锚搭接连接及后浇混凝土湿式连接等方式。

4.2.4　装配式方块护岸结构是采用预制混凝土方块或格宾方块叠放而成的护岸结构，预制混凝土方块或格宾方块尺寸可根据高度、预制条件、运输条件、吊装能力等确定，其断面形式如图 4.2.4-1、图 4.2.4-2 所示。装配式格宾方块护岸结构可用于景观生态护岸。

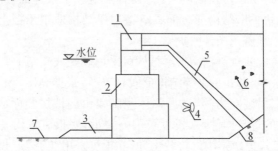

1—胸墙；2—预制混凝土方块；3—护底；4—抛石棱体；5—倒滤层；
6—墙后回填料；7—设计泥面线；8—开挖边线

图 4.2.4-1　装配式预制混凝土方块护岸结构

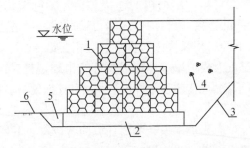

1—格宾方块；2—预制底板；3—开挖边线；4—墙后回填料；
5—墙前回填料；6—设计泥面线

图 4.2.4-2　装配式格宾方块护岸结构

4.2.5　装配式方块护岸结构的连接主要包括同层构件以及上、下层构件之间的连接。预制混凝土方块之间可采用凹凸榫槽连接，格宾方块底板以及格宾方块可在现场拼装而成，上、下层构件高度宜一致，两层相邻块体间垂直缝应相互错开。

4.2.6　装配式空箱护岸结构可根据高度、预制条件、运输条件、吊装能力等，由单层预制空箱或多层预制空箱箱体组合叠放而成，其断面形式如图 4.2.6 所示。其中，装配式呼吸型多层空箱护岸结构可用于景观生态护岸。

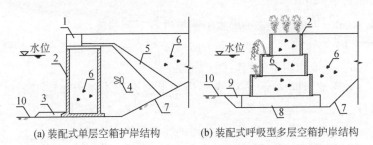

(a) 装配式单层空箱护岸结构　　(b) 装配式呼吸型多层空箱护岸结构

1—胸墙；2—预制空箱；3—护底；4—抛石棱体；5—倒滤层；6—墙后及空箱内回填料；
7—开挖边线；8—预制底板；9—墙前回填料；10—设计泥面线

图 4.2.6　装配式空箱护岸结构

4.2.7 装配式空箱护岸结构的连接主要包括同层构件以及上、下层构件之间的连接,空箱构件之间可通过凹凸榫槽进行相互连接,箱体上、下两层相邻块体间垂直缝应相互错开。

4.2.8 装配重力式护岸应计算或验算抗滑稳定性、抗倾稳定性、基床和地基承载力、整体稳定性、构件内力及强度、构件的裂缝宽度、地基沉降等。

4.2.9 装配重力式护岸设计主要计算内容应符合下列规定。

    1 承载能力极限状态设计应进行下列内容的计算或验算:

        1)对墙底面和墙身各水平缝及齿缝计算面前趾的抗倾稳定性;

        2)沿墙底面和墙身各水平缝的抗滑稳定性;

        3)沿基床底面的抗滑稳定性;

        4)基床和地基承载力;

        5)墙底面合力作用点位置;

        6)整体稳定性;

        7)构件承载力。

    2 正常使用极限状态设计应进行下列内容的计算或验算:

        1)构件的裂缝宽度;

        2)地基沉降。

4.2.10 装配重力式护岸施工期应进行下列验算:

    1 有波浪作用,墙后尚未回填或部分回填时,已安装的下部结构在波浪作用下的稳定性。

    2 墙后回填时,已建成部分在水压力和土压力作用下的稳定性。

    3 施工期构件出运、安装时的稳定性和承载力。

4.2.11 装配重力式护岸承载能力和正常使用极限状态设计,应以计算水位对应的设计波要素所确定的波浪力作为标准值。波浪力的计算应按现行行业标准《港口与航道水文规范》JTS 145 的有关规定执行。

4.2.12 装配重力式护岸计算水位和设计波高的选取应按现行行业标准《防波堤与护岸设计规范》JTS 154 的有关规定执行。

4.2.13 装配重力式护岸结构的计算应符合现行行业标准《码头结构设计规范》JTS 167 的有关规定。

4.2.14 地基承载力验算、整体稳定性验算和地基沉降计算应按现行行业标准《水运工程地基设计规范》JTS 147 的有关规定执行。

4.2.15 构件内力及强度、构件的裂缝宽度应按现行行业标准《码头结构设计规范》JTS 167 和《水运工程混凝土结构设计规范》JTS 151 的有关规定执行。

4.2.16 基坑设计应按现行上海市工程建设规范《基坑工程技术标准》DG/TJ 08—61 的有关规定执行。

4.3 预制构件

4.3.1 装配重力式护岸结构预制构件可包括 L 形挡墙、立板、底板、混凝土方块、格宾方块、空箱箱体等形式,选择时应考虑运输条件、吊装能力等因素。

4.3.2 装配重力式护岸结构预制构件的设计应符合下列规定:

　　1 对持久设计状况,应对预制构件进行承载力、变形、裂缝控制验算。

　　2 对制作、运输、堆放、安装等短暂设计状况下的预制构件验算,应符合现行国家标准《混凝土结构工程施工规范》GB 50666 的有关规定。

　　3 预制构件验算时应考虑动力系数。构件在运输、吊运、翻转及安装过程中就位、临时固定时,动力系数可取 1.3。

　　4 预制构件应合理选择吊点的数量和位置,以及起吊方式,使其在制作和吊装施工阶段满足设计要求。

4.3.3 装配重力式护岸结构高度宜按 0.25 m 的模数分级。

4.3.4 装配式预制挡墙护岸结构的构件拼接部位宜设在结构内力较小的部位,并应符合下列规定:

1 预制挡墙板长度不宜大于 5 m,预制挡墙板的划分还应考虑预制构件制作、运输、吊装的尺寸限制。

2 预制挡墙板截面厚度不宜小于 300 mm。

4.3.5 预制混凝土方块或格宾方块应符合下列规定:

1 预制混凝土方块或格宾方块高度不宜大于 1.5 m,长度不宜大于 3 m,块体划分还应考虑预制构件制作、运输、吊装的尺寸限制。

2 格宾方块应由多绞的、六边形网目的网片或加筋网片箱体内填卵石或碎石材料构成,箱体内应设间隔 1 m 的隔板将其分为若干单元格。

4.3.6 空箱箱体主要由前墙、侧墙、后墙及底板组成,应符合下列规定:

1 空箱箱体宜整体预制,也可分底板和空箱侧壁预制。

2 当采用多层空箱时,每层高度不宜大于 1.5 m,长度宜取1.5 m～3 m。

3 上、下层构件高度宜一致。

4.3.7 装配重力式护岸常用构件的截面形式、尺度限制、模数等应满足表 4.3.7 的规定。

表 4.3.7 装配重力式护岸常用构件形式

结构形式	构件组成	断面尺度 (m)	纵向长度 (m)	简图
装配式预制挡墙护岸结构	L形挡墙或立板(肋板)、底板	2≤H≤7, 2≤L≤8; 变化模数为 0.25	2～5	

结构形式	构件组成	断面尺度 (m)	纵向长度 (m)	简图
装配式方块 护岸结构	预制 混凝土方块	$0.5 \leqslant H \leqslant 2$， $0.5 \leqslant L \leqslant 3$； 变化模数为0.5	1～3	
	格宾方块	$0.5 \leqslant H \leqslant 1.5$， $1 \leqslant L \leqslant 4$； 变化模数为0.5	1.5～3	
装配式空箱 护岸结构	单层预制 空箱	$2 \leqslant H \leqslant 6$， $2 \leqslant L \leqslant 6$； 变化模数为0.5	2～5	
	多层预制 空箱	$0.5 \leqslant H \leqslant 1.5$， $1.5 \leqslant L \leqslant 3$； 变化模数为0.25	1.5～3	

4.3.8 预制构件中用于施工吊运、安装等的外露预埋件凹入构件表面的深度不宜小于10 mm。

4.3.9 预制挡墙构件折角处宜设置加强角，其尺寸可采用200 mm～500 mm。

4.4 连接设计

4.4.1 装配式预制挡墙护岸结构的连接主要包括立板与底板之间的垂直连接和构件的水平连接。垂直连接可采用套筒灌浆连接、浆锚搭接连接及垂直向后浇混凝土湿式连接等方式；水平连接可采用凹凸榫槽连接、螺栓连接、焊接连接、套筒灌浆连接、浆锚搭接连接及水平向后浇混凝土湿式连接。具体连接方式如图 4.4.1 所示。

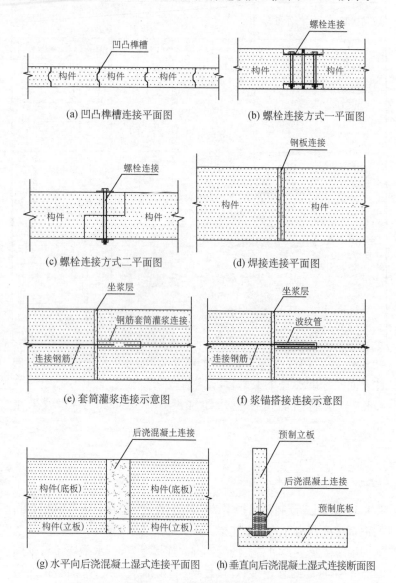

(a) 凹凸榫槽连接平面图

(b) 螺栓连接方式一平面图

(c) 螺栓连接方式二平面图

(d) 焊接连接平面图

(e) 套筒灌浆连接示意图

(f) 浆锚搭接连接示意图

(g) 水平向后浇混凝土湿式连接平面图

(h) 垂直向后浇混凝土湿式连接断面图

图 4.4.1 装配式预制挡墙护岸结构构件连接示意图

4.4.2 装配式空箱护岸结构的连接主要包括同层构件间的水平连接以及上、下层构件之间的竖向连接,构件之间可通过凹凸榫槽进行相互连接,如图 4.4.2 所示。

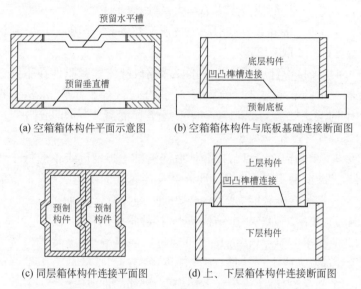

(a) 空箱箱体构件平面示意图　　(b) 空箱箱体构件与底板基础连接断面图

(c) 同层箱体构件连接平面图　　(d) 上、下层箱体构件连接断面图

图 4.4.2　装配式空箱护岸结构构件连接示意图

4.4.3 预制构件的节点与接缝的承载力应按下列要求进行验算:

1 持久状况、短暂状况、偶然状况

$$\gamma_j \gamma_0 S_d \leqslant R_{jd} \qquad (4.4.3\text{-}1)$$

2 地震状况

$$\gamma_j S_d \leqslant R_{jd}/\gamma_{RE} \qquad (4.4.3\text{-}2)$$

式中:S_d——承载能力极限状态下作用组合的效应设计值(持久状况、短暂状况、偶然状况按作用的基本组合计算;地震状况按作用的地震组合计算,尚应按相关国家

标准乘以内力增大系数）。

R_{jd}——接缝或节点承载力设计值。

γ_0——重要性系数。

γ_j——接缝或节点内力增大系数，取 1.1。

γ_{RE}——接缝或节点承载力抗震调整系数，受剪取 1.0，其他取 0.85。

4.4.4 连接设计应对构件连接件、焊缝、螺栓等紧固件在不同设计状况下的承载力进行验算，并应符合现行行业标准《水运工程钢结构设计规范》JTS 152 和《水运工程混凝土结构设计规范》JTS 151 等的有关规定。

4.4.5 预制构件节点与接缝处后浇混凝土强度等级不应低于预制构件的混凝土强度等级，且节点及接缝处的受弯、受剪不应低于构件自身的承载能力要求，必要时应经数值分析确定。

4.4.6 装配重力式护岸结构节点、接缝连接的传力元件应可靠，构造应简单。节点、接缝压力可通过后浇混凝土、灌浆或坐浆直接传递；拉力应由连接筋、预埋件传递；节点、接缝剪力由结合面的粘结强度、混凝土键槽或者粗糙面、钢筋的抗剪作用等承担。

4.4.7 装配重力式护岸中，节点及接缝处的纵向钢筋宜根据接头受力、施工工艺等要求选用机械连接、套筒灌浆连接、浆锚搭接连接、焊接连接、绑扎搭接连接等连接方式，并应符合国家现行有关标准的规定。

4.4.8 采用套筒连接和浆锚搭接连接的灌浆作业，应将孔道内腔和构件接缝缝隙灌满。

4.4.9 预制构件与后浇混凝土的结合面宜做成粗糙面，粗糙面应露出粗骨料，凸凹尺寸不应小于 6 mm。

4.4.10 预制构件纵向钢筋宜在后浇混凝土内直线锚固；当直线锚固长度不足时，可采用弯折、机械锚固方式，并应符合国家现行有关标准的规定。

4.4.11 预制构件设置吊孔或预埋吊环时，其设计与构造应满足起吊方便和吊装安全的要求,并应符合现行行业标准《水运工程混凝土结构设计规范》JTS 151 的有关规定。

4.4.12 采用钢结构等金属连接件时,应根据工程所在地的环境进行防腐设计。

4.5 构造设计

4.5.1 装配重力式护岸基底应采用平坡,当基底具有纵坡时,应按护岸分段长度设置成台阶形基础。

4.5.2 装配重力式护岸结构底板沿护岸纵向应设置结构缝,间距根据结构形式、地基条件等确定,可取 10 m～15 m。结构缝宽可取 20 mm,缝内应采用弹性材料填充,有防渗要求的应设止水措施。

4.5.3 装配重力式护岸的防渗和排水布置应根据地基条件和墙前、后水位差等因素,结合总体布置要求分析确定。

4.5.4 装配重力式护岸结构墙体应设置泄水孔,其位置应设在低水位附近,孔径大小和孔距应根据墙前水位变化幅度、墙后土质等情况确定,其纵向间距可取 2 000 mm,泄水孔孔径可取 75 mm～100 mm,泄水孔后应设置反滤土工布或碎石反滤层,碎石反滤层厚度可取 300 mm。同时,承担防洪墙功能的装配式护岸结构,如防洪水位高于墙后地坪高程,则不宜设置泄水孔。

4.5.5 装配重力式护岸结构构件宽度应由墙体整体稳定性和地基承载力确定,预制长度宜根据施工设备能力、现场作业条件以及变形缝间距确定。

4.5.6 装配重力式空箱护岸结构的空箱墙体外壁和底板厚度应由计算确定,但墙体厚度不宜小于 200 mm。底板厚度不宜小于 300 mm,底板悬臂长度不宜大于 1.0 m,隔墙厚度不应小于 150 mm。

4.5.7 装配式格宾方块护岸墙后应设置反滤土工布或碎石反

滤层。

4.5.8 装配式呼吸型多层空箱护岸结构构造应符合下列规定：

1 上、下层预制箱体前后呈台阶形布置，且前台阶宽度不宜小于 500 mm，以确保临水侧植物种植，后台阶宽度不宜小于 150 mm，以确保水体自由交换通道畅通。

2 上、下层预制箱体的前台阶应设置防土体淘刷透水护底结构，墙后应设置反滤土工布或碎石反滤层。

3 箱体前台阶下应回填种植土。

4.5.9 装配重力式护岸预制构件采用凹凸榫槽连接时，凹槽的深度不宜小于 50 mm，宽度不宜小于 100 mm。

4.5.10 预埋套筒处钢筋保护层应从套筒或箍筋外缘起计算。

4.5.11 装配重力式护岸基础应设 100 mm～200 mm 厚的垫层，平整度要求高程允许偏差为 0～－10 mm。

4.5.12 装配重力式护岸最大沉降量不宜超过 150 mm，相邻部位的最大沉降差不宜超过 30 mm。

4.5.13 装配重力式护岸空箱内或上部挡土结构后的填料宜采用砂、块石、建筑弃渣或废弃土方。

5 装配桩基承台式护岸结构

5.1 一般规定

5.1.1 装配桩基承台式护岸结构适用于承载能力较低的软土地基,场地便于沉桩施工。

5.1.2 装配桩基承台式护岸结构形式应根据自然条件、材料来源、使用要求和施工条件等因素,经技术经济比较确定。

5.1.3 装配桩基承台式护岸结构总高宜为 3 m~7 m,并应根据墙高、预制条件、运输能力、运输方式、起吊能力等选择合适的构件形式和连接方式。

5.1.4 装配桩基承台式护岸结构的基桩宜采用预制混凝土桩、钢管桩等,基桩设计和施工应符合现行行业标准《水运工程桩基设计规范》JTS 147—7、《码头结构设计规范》JTS 167 的有关规定。

5.2 结构设计

5.2.1 装配桩基承台式护岸为低桩承台结构,由预制基桩、预制承台板等上部结构组成,基桩与预制承台板通过节点连接形成整体结构。典型的结构形式如图 5.2.1 所示。

5.2.2 上部结构为护岸的挡土结构,可采用预制 L 形挡墙、预制扶壁挡墙、预制生态砌块挡墙、预制箱体挡墙等结构形式。

 1 挡土高度较小的上部结构可采用装配预制 L 形挡墙[图 5.2.2(a)]。

 2 挡土高度在 6 m 以上的上部结构可采用装配预制扶壁挡墙[图 5.2.2(b)]。

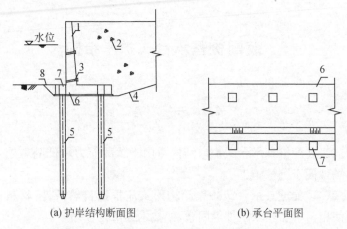

(a) 护岸结构断面图　　　　　(b) 承台平面图

1—预制挡墙立板；2—墙后回填料；3—泄水孔；4—开挖边线；5—预制基桩；
6—预制承台板；7—预留桩孔；8—设计泥面线

图 5.2.1　装配桩基承台式护岸典型结构

3　挡土高度小、对生态要求高的上部结构可采用预制生态砌块挡墙[图 5.2.2(c)]、预制箱体挡墙[图 5.2.2(d)]。

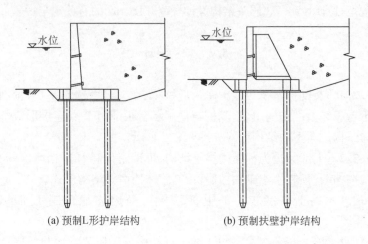

(a) 预制L形护岸结构　　　　　(b) 预制扶壁护岸结构

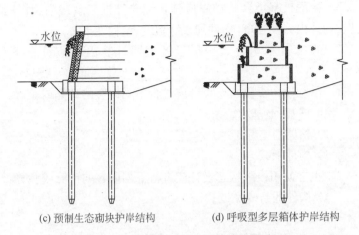

(c) 预制生态砌块护岸结构　　(d) 呼吸型多层箱体护岸结构

图 5.2.2　装配桩基承台式护岸常用形式

5.2.3 装配桩基承台式护岸在选择桩基方案前,应了解场地的环境情况,调查邻近建筑、地下工程和有关管线等情况,查明暗沟、古河道、杂填土等不良地质条件。

5.2.4 装配桩基承台式护岸桩基的选择及布置应符合下列要求:

　　1 基桩桩径不宜小于 300 mm,尽量采用较大直径的桩以减少桩头处理数量。

　　2 各类桩的中心距离底板边缘不宜小于 1 倍桩径,且桩的外边缘距离承台边缘不宜小于 200 mm。

　　3 同一底板下的桩基,桩底宜位于同一土层,且桩底标高相差不宜太大;当桩底进入不同的土层时,各桩沉桩贯入度不宜相差过大。

　　4 桩底进入土层持力层不应小于 3 倍桩径,不应将桩底置于两层土层的界面处。

5.2.5 装配桩基承台式护岸上部预制构件长度宜与桩基纵向间距相协调,并采取相关连接以确保结构整体性。

5.2.6 装配桩基承台式护岸应计算或验算桩基承载力、整体稳定性、构件内力及强度、构件的裂缝宽度、结构变形等。

5.2.7 装配桩基承台式护岸设计主要计算内容应符合下列规定：

    1 承载能力极限状态设计应进行下列内容的计算或验算：

        1）桩基、地基承载力；

        2）整体稳定性；

        3）构件承载力。

    2 正常使用极限状态设计应进行下列内容的计算或验算：

        1）构件的裂缝宽度；

        2）结构变形。

    3 必要时，应进行墙前抗隆起验算。

5.2.8 低桩承台结构计算模型应根据结构的实际受力状况确定，并应符合下列规定：

    1 桩的轴向刚性系数计算可按现行行业标准《码头结构设计规范》JTS 167 的有关规定执行。

    2 桩土相互作用可按 M 法或假想嵌固点法考虑。

5.2.9 桩基计算应符合下列规定：

    1 通常情况宜按所有竖向荷载由桩基承担的全桩基模式计算，竖向和水平受力计算可按现行行业标准《码头结构设计规范》JTS 167 的有关规定执行。

    2 有经验时亦可采用复合桩基础进行设计，竖向和水平受力计算可按现行上海市工程建设规范《地基基础设计标准》DGJ 08—11 的有关规定执行。

    3 桩基泥面处水平位移不宜大于 10 mm，应同时满足周边环境变形控制要求。

5.2.10 装配桩基承台式护岸前沿可能发生冲刷时，应考虑冲刷深度对结构的影响，必要时应采取抛石、沉排等保护措施进行护底和护坡。

5.3 预制构件

5.3.1 装配桩基承台式护岸结构预制构件包括预制基桩和上部结构预制构件。上部结构预制构件形式主要包括 L 形挡墙、立板、底板、生态砌块、空箱箱体等，上部结构构件设计应符合本标准第 4.3 节的有关规定。

5.3.2 预制混凝土桩主要有钢筋混凝土方桩、预应力混凝土方桩、预应力混凝土管桩等类型，预制混凝土桩截面形式及选型可参照表 5.3.2，并经技术经济分析后综合确定。常用预制混凝土桩技术参数及设计要求详见现行国家建筑标准设计图集《预制钢筋混凝土方桩》20G361、《预应力混凝土空心方桩》08SG360 及现行国家标准《先张法预应力混凝土管桩》GB 13476。

表 5.3.2 预制混凝土桩截面形式及选型

桩型	混凝土强度等级	制作工艺	截面形式（mm）	适用墙高（m）	单节桩长（m）	是否可接桩
钢筋混凝土方桩	C40	浇筑法	截面边长 300～500	3～5	≤18	是
			截面边长 400～600	5～6	≤18	是
预应力混凝土实心方桩	C60	浇筑法	截面边长 300～400	3～4	≤15	是
			截面边长 400～600	4～6	≤20	是
预应力混凝土空心方桩	C50	浇筑法	截面边长 300～800，内径 150～560	3～7	≤30	是
预应力混凝土管桩	C80	离心法	φ300～800，壁厚 60～130	3～7	≤15	是

5.4 连接设计

5.4.1 装配桩基承台式护岸结构的节点连接包括基桩与预制承

台底板的连接、上部结构预制构件之间的连接等。上部结构预制构件的连接设计应符合本标准第4.4节的有关规定。

5.4.2 预制构件的接缝以及基桩与预制承台板连接节点的承载力验算应按本标准第4.4.3条的有关规定执行。

5.4.3 基桩与预制承台板的节点连接应符合下列规定：

1 基桩与预制承台板的节点宜采用湿式连接,其方式有钢筋混凝土连接(图5.4.3-1)、预埋型钢连接(图5.4.3-2)等。

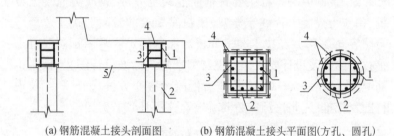

(a) 钢筋混凝土接头剖面图　　　(b) 钢筋混凝土接头平面图(方孔、圆孔)

1—桩顶预留筋；2—预制基桩；3—后置箍筋；
4—预制承台板预留钢筋；5—预制承台板

图5.4.3-1 钢筋混凝土连接示意图

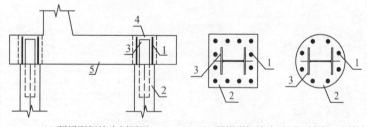

(a) 预埋型钢接头剖面图　　　(b) 预埋型钢接头平面图(方桩、圆桩)

1—预留连接筋；2—预制基桩；3—预埋H型钢；
4—预留桩孔；5—预制承台板

图5.4.3-2 预埋型钢连接示意图

2 基桩与承台板连接的受力分析应根据结构功能要求、受力状态等选取刚性连接或铰接的方式。当桩顶与承台板的连接处抗弯要求较高时，连接处应按刚接设计；当桩与承台板的连接处无抗弯要求或桩顶弯矩较小，连接处易于满足抗弯要求时，连接处可按铰接设计。

3 连接处为铰接设计时，应将桩顶伸入底板 50 mm～100 mm，桩的主筋应全部伸入承台板且伸入长度不宜小于 400 mm；需要充分利用桩顶外伸钢筋强度时，外伸长度应满足钢筋锚固长度的规定。

5.5 构造设计

5.5.1 装配桩基承台式护岸结构纵向应设置结构缝，间距应根据结构形式、地基条件等确定，可取 15 m～20 m。结构缝宽可取 20 mm，缝内应采用弹性材料填充，有防渗要求的应设止水措施。

5.5.2 装配桩基承台式护岸承台板厚度不宜小于 400 mm。

5.5.3 装配桩基承台式护岸结构设计应符合下列规定：

1 基桩宜采用直桩，沉桩偏位不得大于 100 mm。

2 预制承台板预留孔尺寸需满足与桩径间不小于 100 mm 的净距，沉桩精度可控时可适当减小。

3 预制承台板底下应设 100 mm～200 mm 厚的垫层，平整度要求高程允许偏差为 0～−10 mm。

5.5.4 预制承台板预留桩基孔口时，应在孔口四周配置补强钢筋，且每侧补强钢筋面积不应小于被截断钢筋面积的 50%（图 5.5.4）。

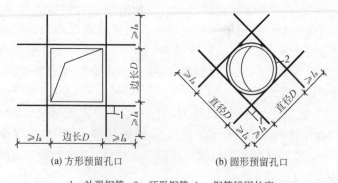

(a) 方形预留孔口　　　　　(b) 圆形预留孔口

1—补强钢筋；2—环形钢筋；l_a—钢筋锚固长度

图 5.5.4　预制承台板预留孔口补强配筋结构示意图

5.5.5　基桩构造应符合下列规定：

　　1　预制方桩、管桩应尽量减少接头数量，接头的强度应不低于桩身的强度，桩的接头位置宜设在桩身计算弯矩较小处，相邻桩基接头位置应错开布置，错开位置不小于 1 m。

　　2　钢管桩的外径与厚度之比不宜大于 100。

6 装配板桩式护岸结构

6.1 一般规定

6.1.1 装配板桩式护岸结构适用于黏性土、粉土、砂土等地基，场地便于板桩沉桩。

6.1.2 装配板桩式护岸结构形式的选择应根据自然条件、荷载情况和使用要求等因素进行技术经济比较确定。

6.1.3 装配板桩式护岸结构总高宜为 1 m～6 m，并应根据墙高、预制条件、运输能力、运输方式、起吊能力等选择合适的构件形式和连接方式。

6.2 结构设计

6.2.1 装配板桩式护岸可采用装配单排板桩式护岸结构、装配门架式护岸结构，以及装配前板桩承台护岸结构等形式，其选用应符合下列规定：

    1 挡土高度不大于 3 m、地面荷载不大且对位移要求不高的护岸工程，可采用装配单排板桩式护岸结构，典型结构形式如图 6.2.1-1 所示。

    2 挡土高度不大于 6 m、地面荷载不大、后方场地狭窄的护岸工程，可采用装配门架式护岸结构，典型结构形式如图 6.2.1-2 所示。

    3 挡土高度不大于 6 m、地面荷载较大的护岸工程，可采用装配前板桩承台护岸结构，典型结构形式如图 6.2.1-3 所示。

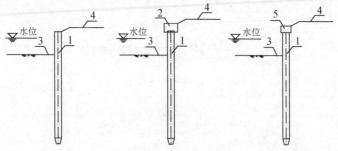

(a) 护岸顶无结构　　　(b) 护岸顶设置帽梁　　　(c) 护岸顶设置生态块体

1—板桩墙；2—现浇帽梁；3—设计泥面线；4—地面线；5—生态块体

图 6.2.1-1　装配单排板桩式护岸常用形式

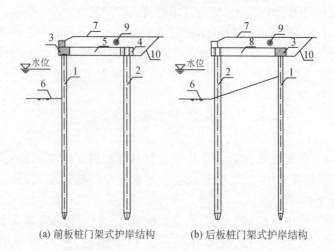

(a) 前板桩门架式护岸结构　　　(b) 后板桩门架式护岸结构

1—板桩墙；2—预制基桩；3—现浇帽梁；4—预制帽梁；5—联系梁；
6—设计泥面线；7—地面线；8—面板；9—回填土；10—开挖边线

图 6.2.1-2　装配门架式护岸常用形式

6.2.2 装配单排板桩式护岸结构由单排板桩墙组成，墙顶根据使用要求可设置帽梁或生态块体。

6.2.3 装配门架式护岸结构可采用前板桩门架式护岸结构或后板桩门架式护岸结构。前板桩门架式护岸结构由前排板桩墙和

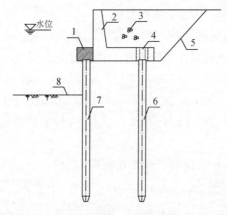

1—现浇帽墙；2—预制承台挡墙；3—墙后回填料；4—预留桩孔；
5—开挖边线；6—预制基桩；7—板桩墙；8—设计泥面线

图 6.2.1-3　装配前板桩承台护岸结构

后排预制基桩及上部框架结构组成，框架结构由前后帽梁及联系
梁连接而成；后板桩门架式护岸结构由前排预制基桩和后排板桩
墙及上部预制面板结构组成。

6.2.4　装配前板桩承台护岸由前排板桩墙、后排预制基桩和预
制承台挡墙组成。板桩与承台挡墙宜采用现浇节点进行连接。

6.2.5　板桩墙厚度应由计算确定，宜采用 200 mm～700 mm；当
板桩厚度较大时，宜采用空心截面板桩或异形截面板桩。

6.2.6　帽梁的前后两侧均应比桩基宽 150 mm 以上。

6.2.7　前墙后的水下回填宜采用砂、砾石、开山石或块石等透水
性较好的材料。陆上回填应分层压实。

6.2.8　装配板桩式护岸前沿挖泥宜在护岸后方回填基本完成后
分层进行。

6.2.9　护岸整体稳定性的验算应符合现行行业标准《水运工程
地基设计规范》JTS 147 的有关规定。桩基承载力的计算应符合
现行行业标准《码头结构设计规范》JTS 167 的有关规定。钢筋混
凝土构件的裂缝宽度计算应符合现行行业标准《水运工程混凝土

结构设计规范》JTS 151 的有关规定。

6.2.10 装配板桩式护岸结构宜采用有限元法进行数值分析计算，有经验时也可采用竖向弹性地基梁法进行计算。无锚板桩墙入土深度应满足弹性长桩的要求。

6.2.11 护岸的整体稳定计算应考虑滑动面通过板桩底端的情况。当板桩底端以下附近有软土层时，尚应验算滑动面通过软土层的情况。

6.2.12 板桩护岸前存在疏浚挖泥时，结构计算应考虑航道疏浚挖泥超深的影响。

6.3 预制构件

6.3.1 装配板桩式护岸结构预制构件可包括板桩、基桩、承台挡墙、立板、底板、面板、帽梁、联系梁等形式，选择时应考虑运输条件、吊装能力等因素。

6.3.2 装配板桩式护岸结构预制构件的设计应符合本标准第 4.3.2 条的有关规定。

6.3.3 装配板桩式护岸预制构件分类可见表 6.3.3。

表 6.3.3 预制构件分类

类别	序号	名称	应用范围		
			装配单排板桩式护岸	装配门架式护岸	装配前板桩高桩承台护岸
板桩	1	平板桩	√	√	√
	2	空心平板桩	√	√	√
	3	翼边板桩	√	√	√
	4	U 形板桩	√	√	√
	5	波浪桩	√	√	√
	6	护壁桩	√	√	√

类别	序号	名称	应用范围		
			装配单排板桩式护岸	装配门架式护岸	装配前板桩高桩承台护岸
预制基桩	1	方桩	—	√	√
	2	管桩	—	√	√
梁	1	帽梁	—	√	—
	2	联系梁	—	√	—
板	1	面板	—	√	—
	2	底板	—	√	√
	3	立板	—	—	√
承台挡墙	1	整体挡墙	—	—	√

6.3.4 装配门架式护岸结构预制构件可由板桩、基桩、帽梁、联系梁或面板组成,如图 6.3.4 所示。其设计应符合下列规定:

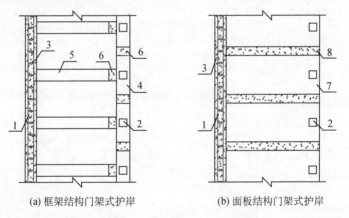

(a) 框架结构门架式护岸　　　　(b) 面板结构门架式护岸

1—预制板桩;2—预制基桩;3—现浇帽梁;4—预制帽梁;5—预制联系梁;
6—连接节点;7—预制面板;8—连接板缝

图 6.3.4　门架式护岸构件示意图

1 预制基桩的间距应与上部预制构件相协调,宜选择较大直径的预制基桩,减少节点数量。

2 预制帽梁、预制面板的纵向长度应按预制基桩间距的模数确定。

3 预制联系梁应和预制基桩一一对应。

6.3.5 装配前板桩承台护岸预制构件可包括板桩、基桩、承台挡墙、底板、立板等形式,承台挡墙、底板、立板的设计应符合本标准第 4 章的有关规定。

6.3.6 预制板桩可采用平板桩、空心平板桩、翼边板桩、U 形板桩、波浪桩和护壁桩等截面形式,基本特征如表 6.3.6 所示,常用预制板桩截面特性可参见本标准附录 A。预制基桩设计应符合本标准第 5 章的有关规定。

表 6.3.6 预制板桩基本特征

板桩形式	厚度 H (mm)	宽度 B (mm)	长度 L (m)	截面形式示意图
平板桩	200～300	500～800	8～12	
空心平板桩	320～500	600～1 300	13～14	
翼边板桩	250～450	600～1 300	12～14	

板桩形式	厚度 H (mm)	宽度 B (mm)	长度 L (m)	截面形式示意图
U 形板桩	210～532	400～1 000	14～18	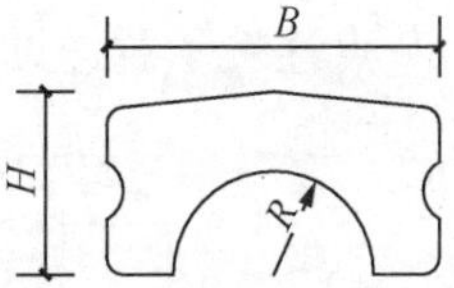
波浪桩	250～600	488～1 189	10～15	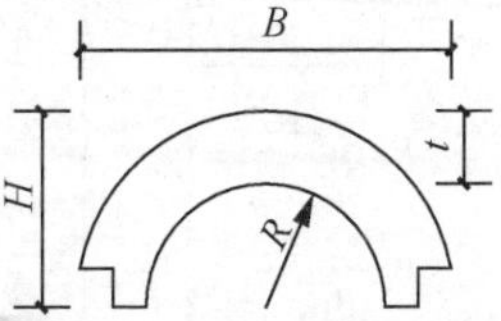
护壁桩	400～800	400～800	14～18	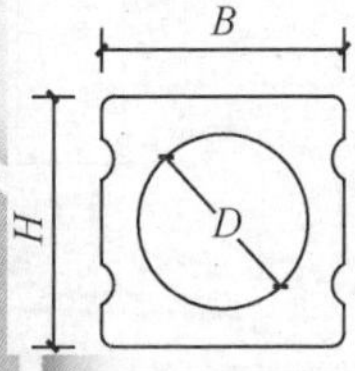

6.4 连接设计

6.4.1 装配板桩式护岸结构的连接主要包括板桩、预制基桩与上部结构的连接，预制帽梁与预制联系梁之间的连接，预制面板之间的连接，立板与底板的连接以及承台挡墙分段之间的连接。

6.4.2 板桩与上部结构应采用现浇结构连接，如图 6.4.2 所示。

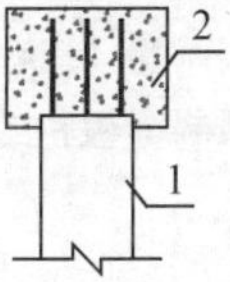

1—板桩；2—现浇帽梁

图 6.4.2 板桩桩顶节点连接示意图

6.4.3 预制基桩与上部结构的连接应按本标准第 5 章的有关规定执行。

6.4.4 预制帽梁与预制联系梁可采用后浇混凝土、螺栓等进行连接,节点连接示意详见图 6.4.4。

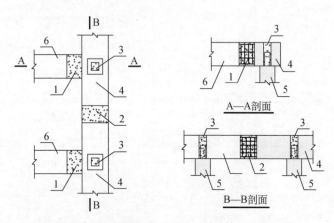

1—联系梁节点;2—帽梁节点;3—桩顶节点;4—预制帽梁;
5—预制基桩;6—预制联系梁

图 6.4.4　预制帽梁与联系梁节点连接示意图

6.4.5 预制面板拼缝可采用后浇混凝土进行连接,节点连接示意详见图 6.4.5。

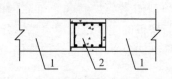

1—预制面板;2—后浇拼缝

图 6.4.5　预制面板拼缝连接示意图

6.4.6 立板与底板的连接以及预制承台挡墙分段间的连接可采用螺栓连接、套筒灌浆连接、浆锚搭接、焊接连接及后浇混凝土湿式连接等方式,连接设计应按本标准第 4 章的有关规定执行。

6.4.7 预制构件的节点与接缝的承载力验算应按本标准第 4.4.3 条的有关规定执行。

6.4.8 预制构件的节点与接缝处的钢筋连接和混凝土强度等级应按本标准第 4.4 节的有关规定执行。

6.5 构造设计

6.5.1 预制构件与后浇混凝土、灌浆料、坐浆材料的结合面应设置粗糙面、键槽,并应符合下列规定:

1 预制板与后浇混凝土叠合层之间的结合面应设置键槽且宜设置粗糙面,键槽应贯通布置,键槽深度不宜小于 30 mm。

2 预制梁端面应设置键槽且宜设置粗糙面。键槽的深度 t 不宜小于 30 mm,宽度 W 不宜小于深度的 3 倍且不宜大于深度的 10 倍;键槽可贯通截面,当不贯通时槽口距离截面边缘不宜小于 50 mm;键槽间距宜等于键槽宽度;键槽端部斜面倾角不宜大于 30°。具体如图 6.5.1 所示。

3 预制帽梁与预制基桩顶的结合面应设置键槽且宜设置粗糙面,键槽应均匀布置,键槽深度不宜小于 30 mm,键槽端部斜角不宜大于 30°。预制基桩顶面应设置粗糙面。

4 粗糙面的面积不宜小于结合面的 80%,凹凸深度不应小于 6 mm。

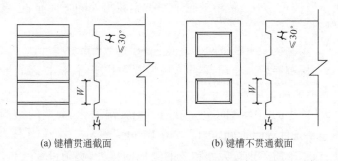

(a) 键槽贯通截面   (b) 键槽不贯通截面

图 6.5.1 键槽构造示意图

6.5.2 平板桩构造(图 6.5.2)应符合下列规定。

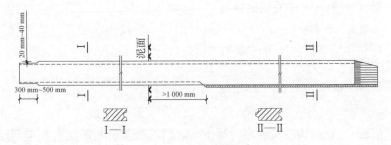

图 6.5.2 平板桩构造

1 桩顶的宽度应根据替打尺寸各边缩窄 20 mm～40 mm, 缩窄段的长度可取 300 mm～500 mm。

2 桩顶主筋外伸的长度应满足锚固长度的要求;当板桩厚度较小时,也可在沉桩后凿除桩头混凝土露出外伸钢筋。

3 板桩一侧自桩尖至设计泥面以下 1 m 范围内宜做凸榫, 在此侧的其余范围内和另一侧的全长范围内宜做凹槽。当板桩墙后回填开山石或块石时,可一侧通长做凸榫,另一侧通长做凹槽。凹槽的深度不宜小于 50 mm。

4 板桩顶部应采取加固措施,可在桩顶设置 3 层钢筋网片。

5 桩尖段在厚度方向应做成楔形,在凹槽一侧应削成斜角。

6.5.3 钢筋混凝土定位桩和转角桩的桩尖应做成对称形,桩长宜比一般桩长 2 m。转角桩应根据护岸转角处的平面布置,设计成异形截面。

6.5.4 预制混凝土板桩间的缝宽宜采用 10 mm～15 mm。

6.5.5 板桩墙后原土层或回填料为细颗粒土时,板桩之间的接缝应采取防漏土措施。

6.5.6 护岸的结构缝间距应根据当地气温变化、前墙的结构形式和地基条件等因素确定,可采用 10 m～15 m。在结构形式变化处、地基土质差别较大处和新旧结构衔接处,必须设置结构缝。

结构缝宽可取 20 mm,缝内应采用弹性材料填充。

6.5.7 当墙前的泥面处于冲刷环境时,应采取护底措施。

6.5.8 装配板桩式护岸前墙应布设泄水孔,孔径可取 75 mm～ 100 mm,间距不宜大于 3 m,泄水孔后应设置反滤土工布或碎石反滤层,碎石反滤层厚度可取 300 mm。

7 构件制作与运输

7.1 一般规定

7.1.1 装配式护岸构件预制厂宜根据预制构件类型、现场状况、经济条件合理选址。

7.1.2 装配式护岸构件预制厂应有保证生产质量的生产工艺和设施设备，生产的全过程应有健全的质量管理体系、安全保障措施及相应的试验检测能力。

7.1.3 装配式护岸预制构件生产前应编制生产方案，具体内容包括生产工艺、模具的设计与制作、生产计划、技术质量控制措施、部件成品防护、质量验收、厂内堆放、转运、存储及运输方案等。

7.1.4 装配式护岸预制构件的制作和运输应符合设计要求和国家现行有关标准的规定，运输方式宜根据构件尺寸、现场运输条件综合确定。

7.1.5 装配式护岸预制构件生产企业宜利用建筑信息模型技术，建立预制构件可追溯的编码标识和信息管理系统，便于预制构件在生产、存放、运输过程中的信息查询和追溯。

7.2 构件制作

7.2.1 装配式护岸构件预制厂分为工厂化预制混凝土构件厂和游牧式混凝土预制场。生产企业应根据现场具体情况，考虑经济性，合理规划建设预制厂。

7.2.2 装配式护岸预制构件宜采用流水线方式生产，并应在预制前进行设计验算，应包括下列内容：

1 应对制作、运输、堆放、安装各个环节荷载作用下的构件承载能力和构件变形进行验算。

2 应确定吊点、堆放支撑点、制作安装环节需要的预埋件数量和位置，并进行验算。

7.2.3 装配式护岸预制构件模具应满足承载力、刚度和整体稳定性要求，并应符合下列规定：

1 应满足预制构件质量、生产工艺、模具组装与拆卸、周转次数等要求。

2 应满足预制构件预留孔洞、插筋、预埋件的安装定位要求。

3 应根据设计和生产要求确定合理的模数。

4 预应力构件的模具应根据设计要求预设反拱。

5 宜选用独立钢模。

7.2.4 装配式护岸预制构件的原材料及配合比、钢筋加工和焊接性能、模具尺寸允许偏差、浇筑和养护等应符合现行国家标准《混凝土结构工程施工规范》GB 50666 和现行行业标准《装配式混凝土结构技术规程》JGJ 1、《普通混凝土配合比设计规程》JGJ 55、《水运工程混凝土结构设计规范》JTS 151、《钢筋焊接及验收规程》JGJ 18 等的有关规定。

7.2.5 装配式护岸预制构件的外观质量检验应符合现行国家标准《装配式混凝土建筑技术标准》GB/T 51231 的有关规定。

7.2.6 装配式护岸预制构件外形尺寸的允许偏差应符合表 7.2.6 的规定。构件有粗糙面时，与粗糙面相关的尺寸偏差可适当放松。

表 7.2.6 预制构件外形尺寸的允许偏差

结构名称	构件名称	项目		允许偏差 （mm）
装配式预制挡墙护岸结构	L形挡墙或立板（肋板）	板厚		±10
		立板临水面和两侧竖向倾斜	$H \leqslant 7$ m	15
			$H > 7$ m	2‰H
		立板迎水面和两侧面局部凹凸（平整度）		10
		立板高度		±10
		立板长度		±10
		底板两侧边线尾端处偏位		−15
		吊孔位置		30
		预埋件位置		20
	底板	长度		±5
		宽度		±5
		表面平整度		5
		侧向弯曲		$L/750$ 且<20
		翘曲		$L/750$
		对角线差		10
装配式方块护岸结构	混凝土方块/格宾方块	长度	≤5 m	±20
		宽度	≤5 m	±20
		高度	—	±10
		顶面两对角线		±30
		表面凹凸平整度		10
		吊孔或吊环位置		40

结构名称	构件名称	项目		允许偏差（mm）
装配式空箱护岸结构	空箱块体	长度	≤6 m	±10
		宽度	≤5 m	±10
		高度	—	±10
		顶面两对角线		±30
		表面凹凸平整度		10
		壁厚		±10
		倾面竖向倾斜		2‰H
		吊孔或吊环位置		40
装配式护岸下部结构	基桩	长度		±10
		直径		±5
		桩顶对角线之差		≤5
		保护层厚度		+10，−5
		桩身弯曲矢高		$L/1~000$ 且<20
		桩尖偏心		≤10
	板桩	长度		±10
		宽度		±10
		厚度		±5
		桩身弯曲矢高		$L/1~000$ 且<20
		桩尖偏心		≤10
		表面平整度		≤4
		保护层厚度		+5,0

注:H 为装配式预制挡墙、立板、装配式空箱高度,L 为底板边长、板桩长度。

7.2.7 装配式护岸预制构件结构性能检验应按设计要求和现行国家标准《混凝土结构工程施工质量验收规范》GB 50204 的有关

规定进行。

7.3 构件运输

7.3.1 生产企业应制订装配式护岸预制构件成品保护、堆放和运输专项方案,其内容应包括运输方式、次序、堆放场地、运输路线、固定要求、堆放支垫及成品保护措施等。对于超高、超宽、形状特殊的大型构件的运输和堆放,应有专门的质量安全保护措施。

7.3.2 装配式护岸预制构件的堆存应符合下列规定:

1 堆存时应按照型号、制作完成日期分别存放。

2 堆存时预埋吊件应朝上,标识应朝向堆垛间的通道。

3 堆存时构件的支垫应牢固,垫块在构件下的位置应与脱模、起吊位置一致。

4 与清水混凝土面接触的垫块应采取防污染措施。

5 重叠堆存时,每层构件之间的垫块应上下对齐,堆存的层数应根据构件、垫块确定,并采取防止堆垛倾覆的措施。

6 预应力构件堆存时,应根据构件的起拱值和堆放时间采取相应的措施。

7 钢筋连接套筒、预埋孔洞应采取防止堵塞的临时封堵措施。

7.3.3 装配式护岸预制构件宜采用水上运输,并应符合下列规定:

1 驳船甲板上均匀铺设垫木,并适当布设通楞。

2 垫木顶面保持在同一平面上,并用木楔调整垫实。

3 预制部件均匀对称地摆置在垫木上,以保持驳船自身的平衡。

4 按支点位置布置垫木时,其位置偏差不超过 20 cm。

5 装运多层预制部件时,各层垫木应在同一垂直面上。

6 采用宝塔式和对称的间隔方法装驳。

7 装驳后应采取加撑、加焊和系绑等措施,防止因风浪影响,造成部件倾斜或坠落。

7.3.4 装配式护岸预制构件在水上吊运时应根据构件的形状、尺寸、重量和作业半径等要求选择吊具,并应符合下列规定:

1 固定杆浮吊宜用于吊距较长、水域面积较大、重量在 30 t 以下的构件安装。

2 全旋转浮吊宜用于吊距短、重量在 7 t 以下的构件安装。

3 吊点数量、位置应经验算确定,吊具应保证连接可靠,应采取措施保证起重设备的主钩位置、吊具及构件重心在竖直方向上重合。

4 吊索水平夹角不宜小于 60°,且不应小于 45°。

5 应采用慢起、稳升、缓放的操作方式,吊运过程中应保持稳定,不得偏斜、摇摆和扭转,严禁吊装构件长时间悬停在空中。

6 吊装大型、复杂的构件时,应使用分配梁或分配架类的吊具,并应采取避免构件变形和损伤的临时加固措施。

8 安装施工

8.1 一般规定

8.1.1 装配式护岸结构应结合设计、制作、安装装配一体化的原则进行总体策划,根据结构类型、设计要求、作业环境、施工能力等确定合适的施工工艺,并应制订专项施工方案。

8.1.2 装配式护岸结构的构件运输安装前应进行检查,其质量应符合设计要求及现行有关标准的规定。

8.1.3 在岸坡上锤击沉放板桩和在墙后进行回填时,应按设计要求控制沉桩和回填速率。

8.1.4 装配式护岸结构施工宜采用工具化、标准化工装系统,宜采用建筑信息模型技术对关键工艺进行模拟。

8.1.5 装配式护岸结构构件安装前应复核吊装设备、吊具等,并核实风力、波浪、道路等状况,水上施工、吊装、吊具吊索安全系数等应符合现行行业标准《水运工程施工安全防护技术规范》JTS 205—1 的有关规定。

8.1.6 装配式护岸结构安装完成后、节点浇筑前应进行隐蔽工程验收。

8.1.7 装配式护岸结构安装施工过程中应对岸坡进行实时监测,并应对沉降位移及时观测记录,必要时还应对周边建筑物进行监测。

8.2 施工准备

8.2.1 装配式护岸结构施工应具备下列基础资料:

1 地形、水文、气象、工程环境资料。

2 工程地质勘察报告。

3 设计文件及设计交底纪要。

4 勘测平面控制网点、水准点交接和复核资料。

5 施工区域存在的障碍物的探查及清理资料。

6 适合的施工船舶、机具、设备资料及进场使用计划。

7 编审完成的施工组织设计、开工报告等。

8.2.2 装配式护岸结构专项施工方案宜包括编制依据、工程概况、预制场地布置、构件运输工艺、构件安装及节点连接工艺、施工组织与管理、进度计划、质量管理、安全管理、环保施工、信息化管理等内容。

8.2.3 装配式护岸结构构件出厂前应核验型号、规格、数量、质量等。

8.2.4 出厂前应完成运输路线、运输道路、航道的规划，对临时存放场地采取必要的加固、防护措施。

8.2.5 装配式护岸结构构件安装前应完成测量放线，测量放线应符合现行行业标准《水运工程测量规范》JTS 131 的有关规定，设置构件安装定位及槽口对位标识。

8.2.5 装配式护岸结构构件安装前应复核装配位置、节点连接构造及临时加固支撑措施等。

8.2.6 装配式护岸结构构件安装宜进行典型施工，并根据典型施工调整完善施工方案。

8.3 基础施工

8.3.1 陆上基槽开挖应符合下列规定：

1 基槽的边坡不应陡于设计坡度，边坡上不应有松动和不稳定石块。

2 土质基槽开挖时,基底应预留 100 mm～200 mm,在基础施工前用人工挖除。

3 岩石基槽开挖时,对未风化的基岩,应将岩面上的松碎石块、淤泥、苔藓等清除;当岩面倾斜时,应将岩面凿平或凿成阶梯形。

8.3.2 装配式护岸结构构件基础施工应符合下列规定:

1 基槽开挖应符合第 8.3.1 条的规定。

2 基槽底部为砂性土、粘性土或抛石基床时应夯实整平。

3 碎石垫层、混凝土垫层宽度应大于装配式护岸结构底边宽度 100 mm 以上。

4 特殊地基应按设计要求进行处理。

8.3.3 护岸需要进行夯实的基床,使用的块石饱和单轴极限抗压强度不应低于 50 MPa;垫层块石和不进行夯实的基床块石,饱和单轴极限抗压强度不应低于 30 MPa。

8.3.4 围堰根据施工导流方案、地形地质条件、建筑材料来源、施工进度要求及施工资源配置等因素,可选择土石围堰、钢板桩围堰或其他形式的围堰。堰基处理应满足强度、渗流、沉降变形等控制要求。

8.3.5 水下基槽应符合下列规定:

1 在易回淤的区段或基槽深度较大时,基槽开挖应分层、分段进行,其分段和分层开挖深度应根据土质和开挖方法确定。

2 基槽开挖至设计标高时,应核对土质。当发现土质与设计情况不符时,应会同设计单位研究解决。

3 基槽开挖的尺寸应满足设计要求。

4 每段基槽开挖后应及时检查验收,并应及时进行基床抛石施工。

8.3.6 基槽开挖的允许偏差应符合表 8.3.6-1、表 8.3.6-2 的规定。

表 8.3.6-1 陆上基槽开挖允许偏差

项 目		允许偏差(mm)
标高	非岩石地基	0 −100
	岩石地基	0 −300
设计中心线 两边宽度	非岩石地基	+100 0
	岩石地基	+400 0

表 8.3.6-2 非岩石地基水下基槽开挖允许偏差

项目			允许偏差(m)
平均 超深	4 m³ 以下抓斗		0.5
	4 m³～8 m³ 抓斗	Ⅰ、Ⅱ类土	0.8
		Ⅲ、Ⅳ类土	0.5
	8 m³～13 m³ 抓斗	Ⅰ、Ⅱ类土	1.0
		Ⅲ、Ⅳ类土	0.8
每边平 均超宽	4 m³ 以下抓斗		1.5
	4 m³～8 m³ 抓斗	Ⅰ、Ⅱ类土	2.0
		Ⅲ、Ⅳ类土	2.0
	8 m³～13 m³ 抓斗	Ⅰ、Ⅱ类土	2.5
		Ⅲ、Ⅳ类土	2.2

注:链斗式挖泥船的平均超深允许值为 400 mm,平均超宽允许值为 1 500 mm。

8.3.7 基床抛石施工应符合下列规定。

1 抛石施工前应对基槽进行检查,基槽尺寸如有显著变动应及时处理。当基槽底部回淤沉积物的厚度大于 0.3 m,且含水率大于 150%或重度小于 12.6 kN/m³ 时,应进行清淤。

2 基床抛石的标高应预留夯沉量,其数值可根据试夯资料或当地经验确定。基床最上一层抛石的标高不宜高于施工控制标高。

3 基床的宽度不应小于设计宽度。

8.3.8 基床夯实施工宜采用重锤夯实,基床的抛石和夯实应符合现行行业标准《码头结构施工规范》JTS 215 的有关规定。

8.3.9 基床夯实的验收应符合现行行业标准《水运工程质量检验标准》JTS 257 的有关规定。

8.3.10 抛石基床整平施工应符合下列规定。

1 抛石基床的整平应进行粗平和细平,整平范围和允许偏差应符合表 8.3.10 的规定。

表 8.3.10　抛石基床整平范围和允许偏差

整平种类	适用部位	整平范围	标高允许偏差(mm)
细平	装配式构件或有压肩方块下的基床	装配式构件或有压肩方块底边外加宽 0.5 m	±50
粗平	基床的肩部	基床细平范围两侧的内外肩	±150

2 基床整平时,块石间的不平整部分可用二片石填充,二片石间不平整部分可用碎石填充。

3 每段基床整平完成后应及时安装装配式结构。

8.4　构件安装

8.4.1 空箱、方块等装配式护岸结构构件安装前应对基床和预制件进行检查,不符合技术要求时,应进行修整和清理。

8.4.2 陆上安装可根据吊重、安装距离等选用履带吊或汽车吊,水上安装根据构件重量、水文地质条件等选用起重船。

8.4.3 空箱、方块、挡墙等构件安装应按安装顺序图实施,安装时核对构件型号、编号等,就位后进行位置校核并采取临时加固措施。

8.4.4 空箱、方块、挡墙等构件的吊运应符合下列规定:

1 构件起吊时,混凝土强度应满足设计要求。

2 构件的起重吊架应进行专门设计,吊架应有足够的刚度和强度,吊点的合力应与构件重心共线。

3 吊点可采用预留孔或预埋吊环。预留孔与吊具接触面应用钢套管保护。吊点的实际位置与设计位置的允许偏差为30 mm。

8.4.5 空箱、方块、挡墙等构件的安装应符合下列规定:

1 构件安装前应对基础顶面进行检查,对不符合要求的部位进行修整。

2 构件安装时应分段控制安装位置和总体误差。

3 空箱安装完成后应及时进行回填压载,方块、挡墙等构件安装完成后应按设计要求加固和实施后序施工。

4 构件安装完成后在侧面或后方抛填块石时,应采取防止构件边缘被块石砸坏的措施。

8.4.6 空箱采用浮运安装时,应符合现行行业标准《码头结构施工规范》JTS 215 的有关规定。

8.4.7 构件在拼接安装前应清理结合面,并按要求进行凿毛、坐浆等作业。

8.4.8 预制构件临时固定措施应符合设计要求。

8.5 节点连接施工

8.5.1 焊接或螺栓连接的施工应符合现行行业标准《钢筋焊接及验收规程》JGJ 18 以及现行国家标准《钢结构焊接规范》GB 50661、《钢结构工程施工规范》GB 50755 和《钢结构工程施工质量验收标准》GB 50205 的有关规定。采用焊接连接时,应采取防止因连续施焊引起的连接部位混凝土开裂的措施。

8.5.2 钢筋机械连接的施工应符合现行行业标准《钢筋机械连接技术规程》JGJ 107 的有关规定。

8.5.3 采用钢筋套筒灌浆连接、钢筋浆锚搭接连接的装配式护岸结构构件就位前,应检查下列内容:

 1 套筒、预留孔的规格、位置、数量和深度。

 2 被连接钢筋的规格、数量、位置和长度。当套筒、预留孔内有杂物时,应清理干净;当连接钢筋倾斜时,应进行矫正。连接钢筋偏离套筒或孔洞中心线不宜超过 5 mm。

 3 钢筋套筒灌浆连接接头、钢筋浆锚搭接连接接头在灌浆前应对接缝周围进行封堵,封堵措施应符合结合面承载力设计要求。

8.5.4 钢筋套筒灌浆连接接头、钢筋浆锚搭接连接应分批验收并及时灌浆,灌浆作业应符合国家现行有关标准及施工方案的要求,并应符合下列规定:

 1 灌浆施工时,环境温度不应低于5℃;当连接部位养护温度低于10℃时,应采取加热保温措施。

 2 灌浆操作全过程应有专职检验人员负责旁站监督并及时形成施工质量检查记录。

 3 应按产品使用说明书的要求计量灌浆料和水的用量,并搅拌均匀;每次拌制的灌浆料拌合物应进行流动度的检测。

 4 灌浆作业应采用压浆法从下口灌注,当浆料从上口流出时应及时封堵,必要时可设分仓进行灌浆。

 5 灌浆料拌合物应在制备后 30 min 内用完。

8.5.5 现浇混凝土的施工应符合下列规定:

 1 预制构件结合面上的疏松混凝土应剔除并清理干净。

 2 模板应保证现浇混凝土的形状、尺寸、位置准确,并防止漏浆。

 3 在浇筑混凝土前应洒水湿润结合面,混凝土应振捣密实。

4 同一配合比的混凝土应每工作班制作不少于 3 组标准养护试件。

8.5.6 拆除临时固定措施时,构件节点连接部位现浇混凝土及灌浆料的强度应达到设计要求。

9 质量检验

9.0.1 装配式护岸结构质量检验应按现行行业标准《水运工程质量检验标准》JTS 257 的有关规定进行分部工程、分项工程和检验批的划分、质量检验和验收。

9.0.2 装配式混凝土结构应按混凝土结构分部工程的单个分项工程进行质量验收。

9.0.3 分项工程的验收包括预制构件、预制构件安装以及装配式结构特有的钢筋连接和构件连接等内容。

9.0.4 装配式预制 L 形挡墙、预制扶壁挡墙、混凝土方块、格宾方块、空箱块体等重力式护岸墙体应按结构段或施工段划分检验批。

9.0.5 预制 L 形挡墙、扶壁挡墙、混凝土方块、格宾方块、空箱块体等重力式护岸墙体安装的允许偏差、检验数量和方法应符合表 9.0.5 的规定。

表 9.0.5 安装允许偏差、检验数量和方法

序号	项目		允许偏差（mm）	检验数量	单元测点	检验方法
1	临水面与施工准线偏差	空箱块体	40	逐件检查	2	用经纬仪测量顶部两角
		格宾方块	40		2	
		混凝土方块	50		2	
2	相邻块体临水面错台		30	逐件检查	1	用钢尺测量，取最大值
3	相邻块体顶面高差		30	逐件检查	1	
4	砌缝宽度		15	逐层逐段检查	1	

注：砌缝宽度是指与设计平均缝宽的偏差值。

9.0.6 预制 L 形挡墙、预制扶壁挡墙等一次性出水块体安装的允许偏差、检验数量和方法应符合表 9.0.6 的规定。

表 9.0.6 安装允许偏差、检验数量和方法

序号	项目		允许偏差（mm）	检验数量	单元测点	检验方法
1	临水面与施工准线偏移		50	逐件检查	2	用经纬仪和钢尺测量
2	相邻构件临水面错台		30		1	用钢尺测量，取大值
3	接缝宽度	$H{\leqslant}10$ m	20		2	用钢尺测量上、下两端
		$H{>}10$ m	30			

注：1. H 为构件高度，单位为 m；
　　2. 砌缝宽度是指与设计平均缝宽的偏差值；
　　3. 接缝的最大缝宽，当构件高度不大于 10 m 时，为 100 mm；当构件高度大于 10 m 时，为 150 mm。

9.0.7 装配桩基承台式护岸结构、装配门架式护岸结构、装配前板桩承台护岸结构等预制桩沉桩的质量检验应符合现行行业标准《水运工程质量检验标准》JTS 257 的有关规定。

9.0.8 装配板桩式护岸结构板桩沉桩的质量检验应符合现行行业标准《水运工程质量检验标准》JTS 257 的有关规定。

9.0.9 装配式结构现场施工中的钢筋绑扎、混凝土浇筑等内容，应按现浇混凝土结构分项工程进行验收。

9.0.10 装配式护岸结构采用现浇混凝土连接时，构件连接处现浇混凝土的强度应符合设计要求。

9.0.11 钢筋采用套筒灌浆连接或浆锚搭接连接时，其连接接头质量应符合国家现行有关标准的规定，灌浆应密实饱满，灌浆料强度应满足设计要求。

9.0.12 装配式结构连接部位在浇筑混凝土之前，应进行隐蔽工程验收。隐蔽工程验收应包括下列主要内容：

　　1 混凝土粗糙面的质量，键槽的尺寸、数量、位置。

2 钢筋的牌号、规格、数量、位置、间距，箍筋弯钩的弯折角度及平直段长度。

3 钢筋的连接方式、接头位置、接头数量、接头面积百分率、搭接长度、锚固方式及锚固长度。

4 预埋件、预留管线的规格、数量、位置。

9.0.13 装配式结构的接缝施工质量及防水性能应符合设计要求和国家现行有关标准的规定。

9.0.14 装配式结构施工后，预制构件位置、尺寸偏差应符合设计要求。

附录 A 常用预制板桩截面特性

A. 0. 1 常用预制板桩截面形式详见表 6. 3. 6，尺寸及力学性能可参考表 A. 0. 1-1~表 A. 0. 1-8。

表 A. 0. 1-1 预应力平板桩截面参数及力学性能

宽度 B (mm)	厚度 H (mm)	混凝土强度等级	预应力钢棒	长度 L (m)	箍筋	抗裂弯矩 M_{cr}(kN·m)	抗弯承载力设计值 M(kN·m)	抗剪承载力设计值 V(kN)	单位重量 (kg/m)
600	200	C60	$12\phi^{HG}9.0$	≤8	ϕ^b5	39	59	84	300
			$12\phi^{HG}10.7$	≤9		47	77	95	
			$12\phi^{HG}12.6$	≤10		59	98	106	
600	250	C60	$12\phi^{HG}9.0$	≤9	ϕ^b5	54	78	116	375
			$12\phi^{HG}10.7$	≤9		65	104	127	
			$12\phi^{HG}12.6$	≤10		80	136	142	
600	300	C60	$12\phi^{HG}9.0$	≤9	ϕ^b6	72	97	161	450
			$12\phi^{HG}10.7$	≤10		85	131	173	
			$12\phi^{HG}12.6$	≤11		103	173	188	

表 A.0.1-2 预应力混凝土空心平板桩截面参数及力学性能

宽度 B (mm)	厚度 H (mm)	内径 D (mm)	长度 L (m)	混凝土强度等级	预应力钢棒	箍筋	有效预压应力 σ_{cc} (MPa)	抗裂弯矩 M_{cr} (kN·m)	抗弯承载力设计值 M (kN·m)	抗剪承载力设计值 V (kN)	抗弯刚度 EI* (MN·m²)	单位重量 (kg/m)
600	320	200	≤13	C80	$12\phi^{HG}10.7$	$\phi^b 6$	5.96	107	144	243	50	398
					$12\phi^{HG}12.6$		7.96	129	191	258		
700	350	230	≤13	C80	$12\phi^{HG}10.7$	$\phi^b 6$	4.77	131	162	299	76	510
					$12\phi^{HG}12.6$		6.42	156	218	314		
800	380	250	≤13	C80	$16\phi^{HG}10.7$	$\phi^b 6$	5.01	183	235	381	112	644
					$16\phi^{HG}12.6$		6.73	218	315	401		
900	400	260	≤14	C80	$20\phi^{HG}10.7$	$\phi^b 8$	5.16	233	308	490	148	779
					$20\phi^{HG}12.6$		6.93	279	412	515		
1 000	430	290	≤14	C80	$20\phi^{HG}10.7$	$\phi^b 8$	4.40	273	338	568	203	927
					$20\phi^{HG}12.6$		5.94	324	455	594		
1 200	470	320	≤14	C80	$24\phi^{HG}10.7$	$\phi^b 8$	3.98	375	449	747	318	1 238
					$24\phi^{HG}12.6$		5.39	441	606	779		
1 300	500	340	≤14	C80	$28\phi^{HG}10.7$	$\phi^b 8$	4.01	462	559	866	416	1 435
					$28\phi^{HG}12.6$		5.42	544	754	903		

表 A.0.1-3 预应力混凝土翼边板桩截面参数及力学性能

宽度 B (mm)	厚度 H (mm)	内径 D (mm)	长度 L (m)	混凝土强度等级	预应力钢棒	箍筋	有效预压应力 σ_{cc} (MPa)	抗裂弯矩 M_{cr} (kN·m)	抗弯承载力设计值 M (kN·m)	抗剪承载力设计值 V (kN)	抗弯刚度 EI (MN·m²)	单位重量 (kg/m)
600	250	200	≤12	C80	$12\phi^{HG}10.7$	ϕ^b6	7.07	75	134	200	33	329
					$12\phi^{HG}12.6$	ϕ^b6	9.37	91	179	213		
700	300	250	≤13	C80	$12\phi^{HG}10.7$	ϕ^b6	5.35	105	164	257	62	449
					$12\phi^{HG}12.6$	ϕ^b6	7.17	126	221	272		
800	320	270	≤13	C80	$16\phi^{HG}10.7$	ϕ^b6	5.71	144	206	322	86	558
					$16\phi^{HG}12.6$	ϕ^b6	7.63	173	281	342		
900	340	300	≤13	C80	$20\phi^{HG}10.7$	ϕ^b8	5.81	191	292	419	125	684
					$20\phi^{HG}12.6$	ϕ^b8	7.76	231	396	443		
1 000	360	320	≤13	C80	$20\phi^{HG}10.7$	ϕ^b8	4.97	219	311	481	163	812
					$20\phi^{HG}12.6$	ϕ^b8	6.68	261	422	506		
1 200	420	380	≤13	C80	$24\phi^{HG}10.7$	ϕ^b8	4.30	327	455	656	308	1 140
					$24\phi^{HG}12.6$	ϕ^b8	5.81	387	618	688		
1 300	450	410	≤14	C80	$28\phi^{HG}10.7$	ϕ^b8	4.34	407	531	759	402	1 318
					$28\phi^{HG}12.6$	ϕ^b8	5.86	482	724	796		

表 A.0.1-4 预应力混凝土 U 形桩截面参数及力学性能（凹面受压）

宽度 B (mm)	厚度 H (mm)	内圆半径 R (mm)	长度 L (m)	混凝土强度等级	预应力钢棒	箍筋	有效预应力 σ_{cc} (MPa)	抗裂弯矩 M_{cr} (kN·m)	抗弯承载力 M 设计值 (kN·m)	抗剪承载力 V 设计值 (kN)	抗弯刚度 EI (MN·m²)	单位重量 (kg/m)
400	210	105	≤14	C80	$6\phi^{HG}10.7$	ϕ^b4	7.34	28	40	77	6	158
					$6\phi^{HG}12.6$		9.70	33	48	84		
450	237	125	≤14	C80	$6\phi^{HG}10.7$	ϕ^b5	6.05	35	49	98	10	196
					$6\phi^{HG}12.6$		8.07	42	61	105		
500	265	140	≤15	C80	$9\phi^{HG}10.7$	ϕ^b5	7.14	54	80	126	15	244
					$9\phi^{HG}12.6$		9.45	66	97	136		
550	292	165	≤15	C80	$9\phi^{HG}10.7$	ϕ^b5	6.25	65	93	139	21	284
					$9\phi^{HG}12.6$		8.32	78	115	149		
600	320	180	≤15	C80	$11\phi^{HG}10.7$	ϕ^b5	6.36	85	137	166	30	340
					$11\phi^{HG}12.6$		8.46	103	169	179		
650	347	205	≤15	C80	$11\phi^{HG}10.7$	ϕ^b6	5.68	100	155	196	39	385
					$11\phi^{HG}12.6$		7.60	120	193	210		
700	374	230	≤18	C80	$14\phi^{HG}10.7$	ϕ^b6	6.36	131	189	221	51	432
					$14\phi^{HG}12.6$		8.47	158	236	238		

续表A.0.1-4

宽度 B (mm)	厚度 H (mm)	内圆半径 R (mm)	长度 L (m)	混凝土强度等级	预应力钢棒	箍筋	有效预压应力 σ_{cc} (MPa)	抗裂弯矩 M_{cr} (kN·m)	抗弯承载力 M 设计值 (kN·m)	抗剪承载力 V 设计值 (kN)	抗弯刚度 EI (MN·m²)	单位重量 (kg/m)
750	401	255	≤18	C80	$14\phi^{HG}10.7$	ϕ^b6	5.78	150	209	236	65	481
					$14\phi^{HG}12.6$		7.73	180	263	254		
800	426	280	≤18	C80	$15\phi^{HG}10.7$	ϕ^b6	5.88	179	247	252	80	506
					$15\phi^{HG}12.6$		7.86	215	310	271		
900	478	330	≤18	C80	$18\phi^{HG}10.7$	ϕ^b6	5.66	239	332	291	119	634
					$18\phi^{HG}12.6$		7.57	287	409	314		
1 000	532	380	≤18	C80	$22\phi^{HG}10.7$	ϕ^b6	5.85	325	454	335	173	746
					$22\phi^{HG}12.6$		7.82	390	554	363		

表 A.0.1-5　预应力混凝土 U 形桩截面参数及力学性能(凹面受拉)

宽度 B (mm)	厚度 H (mm)	内圆半径 R (mm)	长度 L (m)	混凝土强度等级	预应力钢棒	箍筋	有效预压应力 σ_{cc} (MPa)	抗裂弯矩 M_{cr} (kN·m)	抗弯承载力设计值 M (kN·m)	抗剪承载力设计值 V (kN)	抗弯刚度 EI (MN·m²)	单位重量 (kg/m)
400	210	105	≤14	C80	$6\phi^{HG}10.7$	ϕ^b4	7.34	21	34	79	6	158
					$6\phi^{HG}12.6$		9.70	25	46	86		
450	237	125	≤14	C80	$6\phi^{HG}10.7$	ϕ^b5	6.05	25	39	100	10	196
					$6\phi^{HG}12.6$		8.07	30	53	107		
500	265	140	≤15	C80	$9\phi^{HG}10.7$	ϕ^b5	7.14	38	67	128	15	244
					$9\phi^{HG}12.6$		9.45	45	91	138		
550	292	165	≤15	C80	$9\phi^{HG}10.7$	ϕ^b5	6.25	44	74	141	21	284
					$9\phi^{HG}12.6$		8.32	52	102	152		
600	320	180	≤15	C80	$11\phi^{HG}10.7$	ϕ^b5	6.36	58	85	169	30	340
					$11\phi^{HG}12.6$		8.46	69	117	182		
650	347	205	≤15	C80	$11\phi^{HG}10.7$	ϕ^b6	5.68	65	92	198	39	385
					$11\phi^{HG}12.6$		7.60	78	126	212		
700	374	230	≤18	C80	$14\phi^{HG}10.7$	ϕ^b6	6.36	83	109	224	51	432
					$14\phi^{HG}12.6$		8.47	99	150	240		

续表 A.0.1-5

宽度 B (mm)	厚度 H (mm)	内圆半径 R (mm)	长度 L (m)	混凝土强度等级	预应力钢棒	箍筋	有效预压应力 σ_{cc} (MPa)	抗裂弯矩 M_{cr} (kN·m)	抗弯承载力 M 设计值 (kN·m)	抗剪承载力 V 设计值 (kN)	抗弯刚度 EI (MN·m²)	单位重量 (kg/m)
750	401	255	≤18	C80	$14\phi^{HG}10.7$	ϕ^b6	5.78	92	116	239	65	481
					$14\phi^{HG}12.6$		7.73	109	159	256		
800	426	280	≤18	C80	$15\phi^{HG}10.7$	ϕ^b6	5.88	107	125	255	80	506
					$15\phi^{HG}12.6$		7.86	127	172	273		
900	478	330	≤18	C80	$18\phi^{HG}10.7$	ϕ^b6	5.66	137	192	294	119	634
					$18\phi^{HG}12.6$		7.57	163	264	317		
1 000	532	380	≤18	C80	$22\phi^{HG}10.7$	ϕ^b6	5.85	179	228	338	173	746
					$22\phi^{HG}12.6$		7.82	212	314	365		

表 A.0.1-6 预应力混凝土波浪桩截面参数及力学性能(凹面受压)

截面厚度 H (mm)	壁厚 t (mm)	截面宽度 B (mm)	长度 L (m)	混凝土强度等级	预应力钢棒	箍筋	抗裂弯矩 M_{cr} (kN·m)	抗弯承载力设计值 M (kN·m)	抗剪承载力设计值 V (kN)	单位重量 (kg/m)
250	100	488	≤10	C80	$5\phi^{HG}9.0$	ϕ^b5	14	38	97	142
			≤12		$5\phi^{HG}10.7$		18	52	104	
			≤12		$5\phi^{HG}12.6$		23	70	112	
300	110	588	≤15	C80	$7\phi^{HG}10.7$	ϕ^b5	31	91	142	193
			≤15		$8\phi^{HG}10.7$		34	103	146	
			≤15		$7\phi^{HG}12.6$		40	122	154	
			≤15		$8\phi^{HG}12.6$		45	137	160	
350	130	686	≤15	C80	$10\phi^{HG}10.7$	ϕ^b6	51	150	196	265
			≤15		$11\phi^{HG}10.7$		55	164	201	
			≤15		$10\phi^{HG}12.6$		66	201	214	
			≤15		$11\phi^{HG}12.6$		72	219	220	

续表A.0.1-6

截面厚度 H (mm)	壁厚 t (mm)	截面宽度 B (mm)	长度 L (m)	混凝土强度等级	预应力钢棒	箍筋	抗裂弯矩 M_{cr} (kN·m)	抗弯承载力设计值 M (kN·m)	抗剪承载力设计值 V (kN)	单位重量 (kg/m)
400	130	787	≤15	C80	$8\phi^{HG}10.7$	ϕ^b6	49	146	212	316
			≤15		$8\phi^{HG}12.6$		62	200	224	
			≤15		$14\phi^{HG}10.7$		82	247	243	
			≤15		$14\phi^{HG}12.6$		110	329	267	
500	130	989	≤15	C80	$14\phi^{HG}10.7$	ϕ^b6	117	334	300	416
			≤15		$14\phi^{HG}12.6$		153	451	324	
600	150	1 189	≤15	C80	$14\phi^{HG}10.7$	ϕ^b6	157	409	397	585
			≤15		$14\phi^{HG}12.6$	ϕ^b8	199	559	421	

表 A.0.1-7 预应力混凝土波浪桩截面参数及力学性能（凹面受拉）

截面厚度 H (mm)	壁厚 t (mm)	宽度 B (mm)	长度 L (m)	混凝土强度等级	预应力钢棒	箍筋	抗裂弯矩 M_{cr} (kN·m)	抗弯承载力设计值 M (kN·m)	抗剪承载力设计值 V (kN)	单位重量 (kg/m)
250	100	488	≤10	C80	$5\phi^{HG}9.0$	ϕ^b5	12	15	97	142
			≤12		$5\phi^{HG}10.7$		15	21	104	
			≤12		$5\phi^{HG}12.6$		19	27	112	
300	110	588	≤15	C80	$7\phi^{HG}10.7$	ϕ^b5	25	37	142	193
			≤15		$8\phi^{HG}10.7$		28	41	146	
			≤15		$7\phi^{HG}12.6$		33	47	154	
			≤15		$8\phi^{HG}12.6$		37	51	160	
350	130	686	≤15	C80	$10\phi^{HG}10.7$	ϕ^b6	41	60	196	265
			≤15		$11\phi^{HG}10.7$		44	65	201	
			≤15		$10\phi^{HG}12.6$		54	77	214	
			≤15		$11\phi^{HG}12.6$		59	82	220	

续表 A.0.1-7

截面厚度 H (mm)	壁厚 t (mm)	宽度 B (mm)	长度 L (m)	混凝土强度等级	预应力钢棒	箍筋	抗裂弯矩 M_{cr} (kN·m)	抗弯承载力设计值 M (kN·m)	抗剪承载力设计值 V (kN)	单位重量 (kg/m)
400	130	787	≤15	C80	$8\phi^{HG}10.7$		38	61	212	316
			≤15		$8\phi^{HG}12.6$		49	82	224	
			≤15		$14\phi^{HG}10.7$	ϕ^b6	65	99	243	
			≤15		$14\phi^{HG}12.6$		88	123	267	
500	130	989	≤15	C80	$14\phi^{HG}10.7$	ϕ^b6	88	140	300	416
			≤15		$14\phi^{HG}12.6$		116	181	324	
600	150	1 189	≤15	C80	$14\phi^{HG}10.7$	ϕ^b6	117	177	397	585
			≤15		$14\phi^{HG}12.6$	ϕ^b8	150	237	421	

表 A.0.1-8 预应力混凝土护壁桩截面参数及力学性能

边长 B (mm)	内径 D (mm)	长度 L (m)	混凝土强度等级	预应力钢棒	非预应力钢筋	箍筋	抗裂弯矩 M_{cr} (kN·m)	抗弯承载力设计值 M (kN·m)	抗剪承载力设计值 V (kN)	抗弯刚度 EI (MN·m²)	单位重量 (kg/m)
400	240	≤14	C80	$8\phi^{HG}10.7$	4C18	ϕ^b5	98	161	220	69	250
		≤16		$8\phi^{HG}12.6$	4C18		118	202	220	69	
450	290	≤16	C80	$10\phi^{HG}10.7$	6C18	ϕ^b5	142	251	255	109	323
		≤17		$10\phi^{HG}12.6$	6C18		172	311	256	110	
500	340	≤17	C80	$12\phi^{HG}10.7$	6C18	ϕ^b5	191	323	290	161	379
		≤18		$12\phi^{HG}12.6$	6C18		231	406	291	162	
550	380	≤17	C80	$12\phi^{HG}10.7$	6C20	ϕ^b5	231	392	336	233	452
		≤18		$12\phi^{HG}12.6$	6C18		273	457	337	233	
		≤18		$12\phi^{HG}12.6$	6C20		277	486	337	235	
600	420	≤18	C80	$14\phi^{HG}10.7$	8C20	ϕ^b5	300	546	387	331	531
		≤18		$14\phi^{HG}12.6$	8C18		355	628	387	330	
		≤18		$14\phi^{HG}12.6$	8C20		360	671	388	335	

续表A.0.1-8

边长 B (mm)	内径 D (mm)	长度 L (m)	混凝土强度等级	预应力钢棒	非预应力钢筋	箍筋	抗裂弯矩 M_{cr} (kN·m)	抗弯承载力设计值 M (kN·m)	抗剪承载力设计值 V (kN)	抗弯刚度 EI (MN·m²)	单位重量 (kg/m)
650	460	≤18	C80	$16\phi^{HG}10.7$	8C22	$\phi^{b}6$	377	692	492	455	617
		≤18		$16\phi^{HG}12.6$	8C20		446	793	493	454	
		≤18		$16\phi^{HG}12.6$	8C22		452	845	494	459	
700	500	≤18	C80	$18\phi^{HG}10.7$	10C22	$\phi^{b}6$	469	891	553	613	708
		≤18		$18\phi^{HG}12.6$	10C20		553	1 008	553	611	
		≤18		$18\phi^{HG}12.6$	10C22		561	1 078	555	620	
800	580	≤18	C80	$22\phi^{HG}10.7$	12C22	$\phi^{b}6$	674	1 261	682	1 032	609
		≤18		$22\phi^{HG}12.6$	12C20		793	1 429	682	1 028	
		≤18		$22\phi^{HG}12.6$	12C22		805	1 528	684	1 042	

本标准用词说明

1　为了便于在执行本标准条文时区别对待，对要求严格程度不同的用词说明如下：

　1）表示很严格，非这样做不可的用词：

　　　正面词采用"必须"；

　　　反面词采用"严禁"。

　2）表示严格，在正常情况下均应这样做的用词：

　　　正面词采用"应"；

　　　反面词采用"不应"或"不得"。

　3）表示允许稍有选择，在条件许可时首先应这样做的用词：

　　　正面词采用"宜"；

　　　反面词采用"不宜"。

　4）表示有选择，在一定条件下可以这样做的用词，采用"可"。

2　标准中指定应按其他有关标准执行时，写法为"应符合……的有关规定（要求）"或"应按……执行"。

引用标准名录

1 《先张法预应力混凝土管桩》GB 13476

2 《混凝土结构工程施工质量验收规范》GB 50204

3 《钢结构工程施工质量验收标准》GB 50205

4 《钢结构焊接规范》GB 50661

5 《混凝土结构工程施工规范》GB 50666

6 《钢结构工程施工规范》GB 50755

7 《装配式混凝土建筑技术标准》GB/T 51231

8 《装配式混凝土结构技术规程》JGJ 1

9 《钢筋焊接及验收规程》JGJ 18

10 《普通混凝土配合比设计规程》JGJ 55

11 《钢筋机械连接技术规程》JGJ 107

12 《钢筋连接用灌浆套筒》JG/T 398

13 《钢筋连接用套筒灌浆料》JG/T 408

14 《水运工程测量规范》JTS 131

15 《港口与航道水文规范》JTS 145

16 《水运工程地基设计规范》JTS 147

17 《水运工程混凝土结构设计规范》JTS 151

18 《水运工程钢结构设计规范》JTS 152

19 《防波堤与护岸设计规范》JTS 154

20 《码头结构设计规范》JTS 167

21 《水运工程施工安全防护技术规范》JTS 205—1

22 《码头结构施工规范》JTS 215

23 《水运工程质量检验标准》JTS 257

24 《港口设施维护技术规范》JTS 310
25 《水运工程桩基设计规范》JTS 147—7
26 《水运工程桩基施工规范》JTS 206—2
27 《航道养护技术规范》JTS/T 320
28 《地基基础设计标准》DGJ 08—11
29 《基坑工程技术标准》DG/TJ 08—61

上海市工程建设规范

水运工程装配式护岸结构技术标准

DG/TJ 08—2405—2022
J 16608—2022

条文说明

2023　上海

目 次

Contents

1 总 则

1.0.1 《国家中长期科学和技术发展规划纲要(2006—2020 年)》和《"十三五"国家科技创新规划》中明确提出,应加强绿色建筑设计技术和装配式建筑研究,特别是装配式建筑设计理论、技术体系和施工方法研究,相关主管部门已率先开展了装配式建筑技术的研究与应用工作。在工民建、桥梁领域中,装配化、智能化建造技术在大力推进,涉及规划设计、生产制造、施工安装、监测检测、运营维护等全产业链流程,并形成了一些技术标准,出现了装配化、智能化建造的雏形和代表,如预制混凝土构件的自动化流水生产线、机电一体化施工装备、BIM 信息技术的应用等。虽然这些技术的应用尚未形成完备的技术体系,但装配化、智能化建造技术必将是发展趋势和方向。此外,大力发展装配式建筑,实现水运工程建筑产业升级,具有节能环保、节省劳动力并改善劳动条件,以及有利于现场安全、推动化解过剩产能等显著优势。在此背景下,装配式护岸建造技术也呈现出蓬勃发展势头。

目前,上海地区部分护岸建设不适应新的发展需要,主要因护岸工程具有功能多样、建设环境复杂、质量要求高、作业面长等特点,同时,现行的技术标准和规范对装配式护岸建设内容针对性不强,不够系统,也未能提供具有针对性强、操作方便、专门的技术规定,也不利于指导实际工程的实施和质量的保证,最终导致上海市装配式护岸建设技术水平参差不齐、结构装配化程度低、与其他行业比较存在一定的差距等问题。因此,在现行标准和规范基础上,重点针对上海地区水运工程装配式护岸结构制定《水运工程装配式护岸结构技术标准》,该标准能够为上海水运工程装配式护岸结构建设提供系统性、针对性和操作性强的技术标准，规范水运工程装配式护岸结构的技术要求，做到技术可靠、安全适用、保障质量、生态环保及经济合理，进一步提高我市工程建设品质和建设技术水平，对促进上海市水运工程建设转型发展，适应水运发展新形势具有重要意义。

3 基本规定

3.0.20 本条引自行业标准《防波堤与护岸设计规范》JTS 154—2018 第 8.1.3 条内容,主要考虑高差大时的人员安全防护要求。

4 装配重力式护岸结构

4.3 预制构件

4.3.2 应特别注意预制构件在短暂设计状况下的承载能力的验算,对预制构件在脱模、翻转、起吊、运输、堆放、安装等生产和施工过程中的安全性进行分析。这主要是由于:①在制作、施工安装阶段的荷载、受力状态和计算模式经常与使用阶段不同;②预制构件的混凝土强度在此阶段尚未达到设计强度。因此,许多预制构件的截面及配筋设计,起控制作用的工况往往不是在使用阶段,而是在生产和施工阶段。

4.3.8 本条文规定了预制构件中因施工吊运、安装的需要而埋设外露预埋件,主要目的是便于对预埋件进行封闭处理,以免影响外观质量等。

4.4 连接设计

4.4.10 预制构件纵向钢筋的锚固多采用锚固板的机械锚固方式,伸出构件的钢筋长度较短且不需弯折,便于构件加工及安装。

4.5 构造设计

4.5.12 由于重力式护岸结构刚度较大,对地基沉降的适应性较强,根据工程实践经验,在不危及护岸结构安全和影响其正常使用的条件下,一般认为最大沉降量达 100 mm~150 mm 是允许的。但沉降量过大，往往会引起较大的沉降差，对护岸结构安全和正常使用是不利的，一般认为最大沉降差不超过 30 mm 是允许的。

5 装配桩基承台式护岸结构

5.1 一般规定

5.1.4 本条文规定的基桩为优先采用的桩型,对具体工程来说,若因地质条件、环境条件等因素影响,不适宜采用本条文规定的桩型时,亦可选取钻孔灌注桩等其他桩型。

5.2 结构设计

5.2.3 地基中的不良地质条件及周边环境会对桩基方案的选取造成较大限制,为确保桩基效果及减小桩基对周边环境的影响,在确定桩基方案前应探明地基中的不良地质条件和周边环境。

5.2.4 本条文规定装配桩基承台式护岸基桩宜取较大直径桩的主要目的是减少桩头处理数量,提高装配化施工效率。

5.3 预制构件

5.3.2 装配式结构重点推荐预制混凝土桩,对于钢管桩等按照有关规定执行。当无常用型号可选时,应另行设计。

5.4 连接设计

5.4.2 装配桩基承台式护岸结构相对于装配重力式护岸结构来说,除增加基桩外,二者上部结构无实质区别。因此,本条文对上部结构的接缝连接,主要包括底板、立板的竖向接缝和水平向接缝等,引用了本标准第 4.4 节规定,后续条文也不再重复,其重点是针对基桩与承台的连接设计作规定。

5.5 构造设计

5.5.3 由于桩基与预留孔节点连接对沉桩偏位要求较高,而叉桩沉桩偏位大、桩顶预留钢筋与承台底板交叉多,因此本标准推荐采用直桩。

6 装配板桩式护岸结构

6.2 结构设计

6.2.2 单排板桩护岸结构对水平荷载较敏感,一般用于景观护岸,板桩形式除本标准规定外,还可选择各种含景观、造型的板桩,如仿木桩等。

6.3 预制构件

6.3.3 装配式结构重点推荐预制混凝土桩,对于钢板桩等按照有关规定执行。当无常用型号可选时,应另行设计。

6.4 连接设计

6.4.8 当穿过接缝的钢筋不少于构件内钢筋并且构造符合本标准规定时,装配式结构节点正截面受压、受拉、受弯承载力一般不低于构件,可不必进行承载力验算。当需要计算时,可按照混凝土构件正截面的计算方法进行,混凝土强度取接缝及构件混凝土材料强度的较低值,钢筋取穿过正截面且有可靠锚固的钢筋数量。

7 构件制作与运输

7.1 一般规定

7.1.2 预制构件的质量涉及工程质量和安全,制作单位应具备符合国家及地方有关部门规定的硬件设施、人员配置、质量管理体系和质量检测手段。

7.1.3 在构件预制前,生产单位应根据预制构件混凝土强度等级、结构形式、生产工艺等选择制备构件的原材料,并进行混凝土配合比设计。

7.2 构件制作

7.2.5 预制构件外观质量缺陷可分为一般缺陷和严重缺陷两类,预制构件的严重缺陷主要是指影响构件的结构性能或安装使用功能的缺陷,构件制作时应制定技术质量保证措施予以避免。

7.2.7 本条规定了预制构件的尺寸偏差和检验方法,尺寸偏差可根据工程设计需要适当从严控制。

7.3 构件运输

7.3.4 水上起吊设备有固定杆浮吊和全旋转浮吊两种。固定杆浮吊起重能力大(最大起重能力在 30 t 以下),吊距长,但效率低,费用高,占用水域面积大,适用于宽水域大吨位构件安装。全旋转浮吊施工效率高,占用水域面积小,但吊距短,起重能力小,起吊重量控制在 7 t 以下时,其适用性较强,同时该起吊重量也可以满足陆上运输吊装的需要。

8 安装施工

8.1 一般规定

8.1.5 装配式护岸结构构件有利于定制专用吊具、吊架、定位装置等,吊具、吊架设计制作需要依据有关技术标准进行验算,特殊情况无参考依据时应进行专项设计计算分析或必要的试验研究。

8.2 施工准备

8.2.6 装配式护岸结构构件施工有利于工艺标准化,在制订标准化施工工艺前进行典型施工,摸索施工经验是非常必要的。通过典型施工能有效避免经验缺乏造成的损失,有利于验证完善设计及施工方案,有利于培训人员、调试设备,有利于提高工程质量。

8.4 构件安装

8.4.3 装配式护岸结构构件型号核对、测量定位、临时加固是安装的关键工序,应在方案中详细规定,并按方案实施。

8.5 节点连接施工

8.5.1 完成焊接连接或螺栓连接施工后应进行质量检查和日常防护。

8.5.5 现浇节点施工质量是保证结构受力的关键,施工时应进行隐蔽工程验收,强化施工过程控制。

9 质量检验

9.0.5 控制偏差数据源于现行行业标准《水运工程质量检验标准》JTS 257 中的同类型结构。